拿破仑·希尔
教你成功

[美]拿破仑·希尔◎著

刘依梦◎译

NAPOLEON HILL

中国出版集团 现代出版社

图书在版编目（ＣＩＰ）数据

拿破仑·希尔教你成功 /（美）拿破仑·希尔著；刘依梦译 . 一北京：
现代出版社，2020.8
ISBN 978-7-5143-8646-2

Ⅰ.①拿… Ⅱ.①拿… ②刘… Ⅲ.①成功心理－通俗读物 Ⅳ.①B848.4-49

中国版本图书馆 CIP 数据核字 (2020) 第 109020 号

拿破仑·希尔教你成功

著　者：[美]拿破仑·希尔
译　者：刘依梦
责任编辑：袁子茵
出版发行：现代出版社
通信地址：北京市安定门外安华里 504 号
邮政编码：100011
电　话：010—64262325　010—64245264（传真）
网　址：www.1980xd.com
电子邮箱：xiandai@vip.sina.com
印　刷：三河市南阳印刷有限公司
开　本：880mm×1230mm　1/32
印　张：7
版　次：2020 年 8 月第 1 版　2020 年 8 月第 1 次印刷
书　号：ISBN 978-7-5143-8646-2
定　价：42.00 元

.1908 年作为一名鲍勃泰勒杂志社（Bob Taylor's Magazine）的年轻记者，拿破仑·希尔在钢铁巨头安德鲁·卡耐基（Andrew Carnegie，20 世纪初的世界钢铁大王）的家中进行了他人生中的第一次重要采访。许多拿破仑·希尔成功学理论的追随者都听说过，卡耐基要求年少的拿破仑在接下来的 20 多年里对成功人士进行访谈，没有报酬，然后通过整理这些素材写出第一本关于伟人如何取得成功的书。

拿破仑接受了这个挑战，反反复复研究名人们的故事，约他们见面进行访谈，后将这些材料整理并写出了关于个人成就哲学的第一篇重要论文。这篇论文于 1928 年发表，当时的名称为《成功法则》（*The Law of Success*, Tribeca Books, 1928），之后又在 1937 年出版了一本名为《思考致富》（*Think and Grow Rich*, *Napoleon Hill*, 1937. The Ralston Society. ISBN 978-1-60459-187-3. Retrieved January 2, 2019）的简易版本。该著作毫无疑问地成为 20 世纪以来销量最大且含金量最高的激励类书籍。

全世界范围内已经有 50 多种语言将他的书籍翻译出版。拿破仑·希尔基金会由希尔先生于 1962 年创立，这一年是他离世前的倒数第八年。创立基金会的初衷是为了继续推广他所研究的成功学理念，教授希尔先生在成功学领域的核心理念，并继续对他本人的生活和工作进行研究。这是一个非营利性的慈善基金会，基金会的收入作为奖学金授予学生。近年来，基金会通过整理希尔先生的资料发表了三本之前从未面世过的完整书籍，其中一本《战胜心魔》（*Outwitting the Devil: the Secret to Freedom and Success*, *Napoleon Hill and Sharon L. Lechter. New York*：*Sterling Publishing*，2011. ISBN 978-1-4027-8453-8）于 2011 年出版，广受好评。

你将要阅读的这本书汇总了拿破仑·希尔先生于 1941 年收集的一系列成功经验案例的精华。将这些故事落于笔头是在威廉·普罗默·雅各布斯博士的敦促下完成的。雅各布斯博士来自南卡罗来纳州克林顿市，是长老会学院的院长（**Presbyterian College**），也是雅各布斯出版社（**Jacobs Press**）的老板，同时也是众多纺织厂老板的私人顾问。他在与拿破仑·希尔真正相识的一年前听过一次希尔先生的讲座，留下了极其深刻的印象。他坚信希尔先生的自我提升课程和系列讲座可以帮助南卡罗来纳州附近的地区摆脱经济大萧条遗留的负面影响。那时候许多美国人仍然生活在 20 世纪 30 年代大萧条的阴霾之下，但他们过于被动地依赖美国政府的经济扶持政策。希尔先生看到了契机，希望通过自己的成功学课程引导并激励人们主动致富。

拿破仑接受了雅各布斯博士的建议。他搬到了克林顿市，重新梳理总结他手上的成功学案例。他将这些课程命名为"心智炸药"（Mental Dynamite）。如此命名是出于他第一次与卡耐基先生见面时的感悟：人们思考时的原动力来自心智爆破所产生的能量。他以小册子的形式撰写了 17 节课程，每一册的独立主题都是一个成功学原则。大部分课程由几部分组成：拿破仑与卡耐基先生的对谈采访摘录，卡耐基先生的个人原则，以及该原则被美国其他成功人士实际应用的具体案例。

希尔先生的"心智炸药"小册子和他的系列讲座受到了好评。但是在出版那年的 12 月 7 日，当日本轰炸珍珠港和美国卷入第二次世界大战时，一切都发生了变化。这些"心智炸药课程"在战争动荡期间被搁置一旁，无人问津，之后基本被彻底遗忘了。在这本书中，拿破仑·希尔基金会重新汇总了三部分课程，重点剖析了希尔与卡耐基的多项成功法则。

选择"心智炸药课程"作为本书核心的理由是任何人都可以运用的，并借此施展出自己的个人能力。更重要的是，通过运用书中的这些准则可以更好地获得个人能力。本书中，最重要的原则分别是：明确目标，组建智囊团以及天道酬勤。现在开始阅读以下课程，并运用它们，你将开启自己通往获得个人能力的旅程。

唐·M. 格林

拿破仑·希尔基金会执行主任

思考！

哲学家克罗伊斯以私人顾问的身份对波斯国王赛勒斯说：

"我的王，你可知道，这个世界上有一个控制人类之所为的轮盘。它的机制是防止任何人永远幸运。"

控制着人类命运的生命之轮掌控着人们的思想。在"心智炸药课程"中提出的个人成就哲学就是帮助人们学习如何掌握并控制这个伟大的轮盘，最终这个能力可以让人们充分享受到他们想要和需要的一切，并带来持久的幸福感。记住，那些初学者通常是轮盘"防止任何人永远幸运"机制下的"不幸者"，但与此同时，没有人会"永远不幸"，如果他拥有对思想的控制力并可以将其善用的话。

作者说

Contents | 目 录

第一章

明确的目标

通过这本书的课程，你将收获极为实用的知识。如果这些知识需要通过金钱购买，那么将是一笔巨大的开销。这些成功原理是根据安德鲁·卡耐基以及美国商业与工业领域中的 500 余位杰出领导者的亲身经历提炼的。这些分享自身经历的人杰包括亨利·福特、托马斯·A. 爱迪生、塞勒斯·斯图尔特·韦尔、塞勒斯·H.K. 寇德斯、爱德华·包克、亚历山大·G. 贝尔博士、埃尔默·R. 盖茨博士、约翰·沃纳梅克、埃德温·C. 巴恩斯、威廉·霍华德·塔夫脱、查尔斯·M. 施瓦布、西奥多·罗斯福、E.H. 凯理、查尔斯·P. 斯泰因梅茨以及伍德罗·威尔逊。

现在，你不妨假设自己正处在一个教室中，在这个教室里，你的老师是由 500 多名美国财富的建设者组成。此外，你将在阅读这本书的过程中收获与他们的原始经历同等价值的知识，这些知识需要 10 多年的深入研究才可习得。

通往个人力量之路

通过这本书，你将系统地学习一套完整的成功哲学。在像美国这样鼓励个体进步的国家，这套成功学理论充分地满足了每个人寻求自主权的需求。你通过这本书获得的东西是无法从任何其他来源获得的，更是无法用金钱交换的。

这些课程以最适合你的方式呈现，使你能够简单地理解、吸纳知识。轻松地从你的角度出发，通过诸多美国成功的商业领袖的事迹向你诠释这些理论。

由于这本书的表述并非通常的学院派方式，在写作的过程中作者秉承了普适的写作态度。它适用于各行各业的从业者、有各种教育背景的人，以及肩负不同家庭责任需求的人，使各位读者通过最短、最快的方法获得最实用的知识。同时，作者也希望这本书作为一个"家庭教育"的工具，以一种简单易懂的方式呈现，除了家庭中的成年人，即使是对于高中生或者大学生来说都是有趣的。这本书里提出的每项取得个人成就的方法都经过了实践的巨大考验。

这本书的研究素材来自真实存在的商业精英们的切身经验，这些经验是他们通过无数次的试错后获得成功的宝贵财富。30 多年来的精心研究、信息汇总，而你则可在几个小时内将它们习得。

请你慢慢阅读，细细消化这些你所阅读的内容。最重要的并不是这本书里所讲的"课"，而是烙印在你脑海中的内容。本章的主要目的不是向你建议你的人生目标应该是什么，而是要告诉你选择一个主要目标的必要性。确定自己的目标是开启个人成就的起点。

请你在阅读时标注出给你留下最深刻印象的段落，并在时间允许的情况下再次阅读这些段落，进行更细腻的分析。如果可以的话，你可以和朋友们几个人组成一个学习俱乐部，一起阅读和分析这本书的课程，对你的帮助将会更大。在完成下一章关于《智囊团原则》的课程后，这个方法的好处将会变得更加明显。

在这本书的某个地方，你会发现自己——"另一个自我"——将摒弃以前束缚你的所有枷锁。"另一个自我"会唤醒你，向你展示一个在你大脑中长期以来处于休眠状态的能量。你会发现在阅读和思考这本书的内容的时候，这种觉醒与复苏的力量将以一种思维意识的形式出现。

这本书会提到 17 项走向成功的主要法则。无论你身处哪种行业，任何一个想要实现自己最终目标的人都必须使用这 17 大法则。首先提到的是最重要的一项原则，之所以将其列为 17 项之首，是因为我们所知的成功者无一例外地都采用了这项原则。

你可以将这第一大原则称为"锁定目标"准则。研究任何一位保持成功的人，你会发现这些人通常都有一个明确的主要目标，之后他会有实现这一目标的计划，最后他会将大部分的思考和实践都用于实现他的这个主要目标。

每个人都希望生活得更美好，比如获得财富、地位、名望和认可，但大多数人从未远远超出"许愿"的阶段。那些确切地知道自己想要什么并决心要做到这一点的人，从不会停下来。他们通常会将他们的愿望强化为"燃烧的欲望"，并在坚定的计划基础上不断地努力，以支持这种愿望。

从贫穷到富有的第一步是最困难的。

每个人在通过自己的努力赢得财富的最初都是以一种清晰、简洁的心理影像形式开始的。当那幅画面扩大丰满，或者被迫成为一种执念般的心理状态时，它就会被一些隐藏的自然规律所接管，这就是"潜意识"。从"潜意识"开始，人们会将心理影像向现实层面引导，也就是"把理想落地"。在本书中，我会反复回到潜意识这个主题，因为它是与所有杰出成就密切相关的重要因素之一。

很多人都会有这样的长期疑惑：为什么学历不高或者根本没有上过学的人往往会成功，反而受过高等教育的人往往会失败。仔细观察，你会发现：伟大的成功是领会并且会运用积极心态的结果。通过这种积极的心态，大自然会帮助人们将他们的目标转化为等价的财富。心态是为一个人的思想和计划赋予力量的心智素质。

一个人最终达到他想要的物质和经济要求所需的时间长短完全取决于他的欲望的性质与这个欲望的程度，以及在他自我控制以免受恐惧和怀疑的影响。这种自控是通过持续的警惕意识实现的。在自我控制中，人保持了他的思想不受任何负面想法的影响，并让他保持一种开放的态度吸纳并运用各种无限的智慧。例如：确定目标为100美元的话，可能会在几天，甚至几小时或几分钟内达到实现等价的目的。然而，面对 100 万美元的需求时可能需要相当长的时间，这在某种程度上取决于人们必须做多少付出才得以等价 100 万美元作为回报。

将锁定的目标转化为物质维度上或财务维度上的等价物所需的时间恰恰等同于你提供服务的确切时间，或者说，在一件尚未达到交换目的的事情上你预备消耗的时间。

在我解释清楚最重要的成就原则之前，我有必要强调一下给予与获得之间存在明确的联系。一般来说，人们获得的财富与物质是他们所提供的某种形式的有用服务的有效结果。

唯一已知的可以证实上述联系成立的方法是自然规律，以及通过人的智力工作来确保锁定的目标得以实现。通过有效的有用服务，实现一种精神层面的和谐关系。

一个训练有素的头脑能够在没有任何外部因素或他人辅助的情况下对主要目标保持清晰性，并围绕着这个主要目标采取行动。而没有纪律的头脑在处理他锁定的主要目标时则会需要依靠拐杖。

如果一个人的思维纪律不是很严格，那么他应该遵循的最好方法就是完整地写下他锁定的主要目标，之后养成每天至少大声朗读一次的习惯。落笔写下主要目标的这个动作迫使这个人具体地阐述出他的目标，之后，习惯性的阅读则让这个目标的本质扎根在他的头脑中，被大脑的潜意识所重视，从而刺激其为之采取行动。

金钱的好处在于它的用途，而不仅是拥有它。一般来说，赚到了钱的人也同时获得了关于金钱本身的建设性用途的智慧。

如果你想要一个实际例证，看看那些被富裕的父母抚养的孩子吧！为了积累个人财富，在他们幼年时期所付出的努力对他们来说通常是不必要的。我从来没有听说过哪个这样长大的男孩能够观察他父亲在商业上的敏锐度以及他的成就。拥有金钱这件事真正的快感来自赚钱，而不是像收到礼物一样地收到它。

我们会有更多数不胜数的通过努力创造财富的机会。美国是一个新的国家。我们的很多资源还没有被开发。每天都会有新的事情发生，开辟出数百条机遇之路。现在，汽车与飞机制造业还正处于起步阶段，它们的发展将为无数有创意、懂技术、有激情的年轻人创造新的舞台。

想象力、自力更生的能力以及主观能动性，拥有这些素质的人将是这个国家未来最需要的。现在，整个世界都将目光转向美国，在这里寻求新思想、新发明、新技术和新创意。不管你在哪座城市，看看周围吧，你会发现在这个崭新的时代中每个人手上都握着机会。

在人寿保险领域，男性和女性都将有很多机会展现自己的才华，付出自己的劳动，从而为自己带来经济上的独立。人寿保险机构正在迅速发展成为数百万人民储蓄习惯的主要媒介。未来的人寿保险销售人员将成为一名教师而不是推销员；他将教育人们通过系统化的投资保险来预算他们的时间和经济支出。请务必密切关注这个领域，因为它是美国经济体系的主要支柱之一。它将为成千上万的男女提供收益丰厚的就业机会。这个产业对美国公民的服务将比牧师或教师的服务更有用。人寿保险的销售将成为最受认可的职业之一，该岗位得到的报酬将与众多受过教育培训后进入的行业相同或者更好。人寿保险的销售将被整合为一种学科，并会纳入高等教育。

一个人的成就很多时候都会基于他如何把自己与他人联系在一起。如果你总是非常愿意付出，收获知识后，那么你肯定还会为这个世界带来更多的利益。之后，这个社会将会根据你的选择来奖励你。这就是真正的"美国精神"。

每一个在美国寻求成功的人都应该理解并尊重美国精神的基本原理。那些忽视或拒绝此种精神的人也就切断了他们取得个人成就的机会。显而易见，任何个体在脱离使他有机会获得成功的力量时，他都不可能获得长期的成就。

美国精神的核心

是"美国精神"区分开了这个国家与其他国家。现在我们分析一下六大支柱，以便更好地了解"美国精神"：

1. 自由。自建国时美国宪法即强调了自由，其中最重要的是：最充分的个人主观能动性。这赋予了每个公民选择自己职业的特权，根据自己的知识、技能和经验设定自己的劳动价格。

2. 工业。我们的工业体系得到国家的政策支持。通过这种形式，在与其他国家竞争时，美国工业会得到美国政府以各种可能的方式的保护。美国势必会成为一个工业国家。工业，不仅为以领取工资为主的受雇者提供了大部分收入，而且还囊括了大部分农业产品的生产活动，并且是律师、医生、牙医、工程师、教育工作者和教会，以及众多其他专业领域的主要支持来源。这是六大支柱中最强大和最重要的支柱之一。"美国精神"是无法与工业分开的。

3. 银行。我们的银行系统提供了这个国家生命的血液。银行体系保证了成本不对任何人产生沉重的负担，从而使我们的工业、农业、商业以及其他专业领域系统保持活跃性和灵活性。人人都知道，在这个国家我们有一个双胞胎政府体制，一个是在华盛顿管理的政治体系，一个是在纽约管理的财务体系。当国家成长形式的这两个分支和谐地运作时，我们就有了繁荣的时代。此外，我们凭借着政治与金融经济的双重资源，可以成功地与世界上任何其他国家竞争。但是当这两个分支变得敌对时，正如历史上曾出现过的，我们则会被"恐慌"和其他任何会伤害每位公民的弊病所诅咒。银行业务对于我们生活系统的成功运作同样重要，正如商店和办公室的运作。事实上，如果没有银行提供的现金或信贷的可能性，任何形式的商品或商业都无法成功进行。

4.保险。作为美国公民最大的个人储蓄机构，人寿保险系统使我们的经济体系保持一种灵活性，向人民提供了银行系统无法提供的更全面的服务。美国没有任何其他机构能够为人们提供储蓄来源，为个体及其家庭提供保护，同时让他不用担心自己逐渐年迈的事实，不用担心经济上的不确定性。人寿保险机构绝对是美国国家基础的一部分，它提供了一个系统，使任何健全的人都不必在年迈时被迫接受慈善救济。

5.建国先驱者精神。美国历史上伟大的建国领袖们所构建的显著精神特色，比如我们民族热爱自由的精神，以及我们的工业与政府先驱所呼唤的自主特权的需求。

6.正义。我们的国家正义意识激励着我们为保护弱者和强者战斗。

从以上这6点中，你会找到使这个国家与其他国家区分开来的重点。任何削弱美国精神这六大支柱的事情，都将会破坏我们整个国家的生活。对于每个公民来说，不做任何会削弱这些支柱的言行是远远不够的，每个忠诚的美国人都有义务竭尽全力地保护这些基本原则。

我们应该更少地思考和谈论自己的个人权利，更多地考虑我们作为社会个体的职责义务和权利，这些才是保护我们的权益所依赖的基础。

在这个国家，人们越来越倾向以激进的思维方式挑战我们的政府形式、工业体系、银行体系以及代表美国精神基本支柱的其他一切。对这些人进行仔细分析后，不难看出他们正在遭受某种形式的自卑情结。这种自卑使得他们想要贬低所有的成功事件，表达他们对商业和工业领导者的不信任感。

除了经济和社会哲学之外，这些激进派人士中的一些人在大多数主题上都是极其聪明的人。有些人是外国出生的，有些是美国出生的。你会在政治领域、教会、公立学校、工会以及其他的各行各业中找到他们。他们羁绊着我们国家的前进步伐，无论是出于无知还是阴险的动机都应该受到打击。在这个国家，言论自由不应成为摧毁国家者的便利工具。

言论自由权并不意味着他得到了诽谤他人的许可，况且这些诽谤仅仅是因为他人取得了成功！自文明开始以来，财富逐步汇聚到了用头脑思考的人的手中。这些用头脑思考的人有明确的目标，有敏锐的想象力，他们还可以通过自己积极的主观能动性将想象力转化为有贡献价值的服务。激进派人士的任何宣讲都不能改变这一点。

在谈到这个国家的巨大资源时我们应该始终牢记，所谓资源，最重要的不是银行里的钱、地里的矿产、森林中的树木，也不是我们这片沃土，而是能将经验和教育与这些原材料相结合的人的思想与态度，是人们的想象力和开拓精神，并能将它们转化为为我国公民以及其他国家公民提供有用服务的能力。

这个国家的真正财富不是任何物质的、有形的东西。正如我们的先驱领导者们所深谙并践行的个人成就哲学所表达的那样，我们真正的财富是思想的无形力量。它带来了更深远的愿景，更广阔的视野，更宏伟的抱负以及为此所应当具备的主观能动性。

"锁定目标"原则显然是所有成功者的首要必备品，因为没有人能够在不先确切知道他想要什么的情况下取得成功。然而有趣的是，大约每100人中会有98人完全没有自己的主要目标，并且世界上约98%的人被视为是失败的。

"锁定目标"是一个具有持久价值的原则，你必须采用它，并将这个原则作为日常习惯。没有养成这种习惯的话，你反而会养成另一种放任自由的懒惰习惯，而这种惰性对成功是致命的阻碍。我们发现，销售人员在给定明确的销售配额时，销售的商品数量会多于没有给出明确销售配额时的数量。

我认为对于成功的一个很好的定义是"在不侵犯他人权利的情况下获得生活所需的权利"。任何没有明确目标的人都不能拥有足够的权利来确保得到任何东西，除非那个东西是压根儿没有人想要的。你会发现有能力的人通常是可以迅速做出决定的，而当他们需要从根本上改变这个决定时，则会斟酌很长时间。做决定是"明确性"的双胞胎兄弟。这两个词可以用来玩文字游戏——确定和决定

（Definiteness and Decision）。它们代表了一种积极的心理态度，没有这种态度，在任何职业中你都无法取得有价值的成绩。这些品质是所有伟大领袖精神态度的重要组成部分。

如果你分析我对成功这件事的定义，你会发现它没有一丝一毫的运气成分。一个人有可能仅凭机会或运气得到机遇，但当他们遇见和之前的幸运不同的情景时，他们就会反应不过来，最终放弃这些机遇。这个理论是通过研究那些继承财富与地位的人得出来的。他们是没有通过自己的能力赚到钱的，而地位呢，也就是我们所说的"他是靠关系被提上去的"。一个人可能通过继承或"被裙带关系提携"而拥有机会，但是他只有通过自身目标的确定性来推动他有幸得到的机会，并且以此来保持它的存在。

试图通过"被提携"和侥幸的运气过活的人会发现老一辈的命运仅限在一个小角落里。当打击落在他的头上时，他便无法接招。

通过每个个体的特征与个人习惯相配合可以获得个人能力。简而言之，个人能力的十大品质（我称之为获得个人能力的"十点规则"）如下：

（一）习惯性地明确目标

（二）迅速地作出决定

（三）健全且诚实的品格

（四）严格的情绪控制力

（五）痴迷般地渴望付出

（六）通透地了解自身职能

（七）对各种事件与话题的容忍力

（八）忠诚于伙伴和信仰

（九）持久的求知欲

（十）敏锐的想象力

你会发现以上这 10 点品质最终只会向那些正向运用规则的人示意友好。你还将观察到，这些品质特征会导致一种个人能力的发展。这种能力可以在不"侵犯他人权利"的情况下使用，并带你取得成绩。这才是唯一一种任何人都负担得起的施展个人能力的形式。

那句古老的格言"知识就是力量"并不完全正确。单纯的知识永远不会是力量，只有当它在一些特定的有意义的工作中被专业地表达出来时，这个知识才是力量。一个人的工作相当于他向别人提供的服务。他生命的广度与深度，精确地对应于他可提供的服务的质量和数量，以及他提该供服务时的精神态度。拥有强大个人力量的人，如果他们要继续保持强大，必须深度理解并应用 Q+Q+C 的公式。也就是说，他们的服务质量（Q）必须是正确的，其数量（Q）必须是正确的，他们的行为（C）必须是可以被接受的。你可以用另一种方式陈述这个道理，即：服务质量，服务数量，服务行为方式，等于一个人的领导成功的程度。

再次观察"Q+Q+C"公式，会发现每一个参数都代表了任何人都可能履行的品质。这个公式与运气没有任何关系，除非应用这个公式的人在他们的绝大部分经历中向来很幸运。一直抱怨没有得到"突破口"或运气不眷顾他的人，通常都是为他自己的懒惰，为他的不上心或缺乏野心而开脱。当失败缠住他的时候，那些无所事事的人很快就会埋怨起"运气不好"。而真正成功的人对"运气"的好坏谈论得很少，甚至根本不说，因为他依靠的是信念。信念比运气可靠得多。当然，坚持信念的人在很大程度上影响了他自己的"休息时间"。

约翰·沃纳梅克（John Wanamaker）拥有美国最大的零售店。当被问到如何做到时，他毫不犹豫地回答说，他作为商人的成功完全归功于自己对目标的坚持，而不是运气。

詹姆斯·J. 希尔（James J. Hill）同样是靠着对目标的坚持创立了大北方铁路系统，并以此取得了巨大的成功。他从一个电报操作员的职位上升到指挥一个巨型的铁路系统负责人的位置，这整个过程是通过有条理的系统规划的。在这个过程中他从没依靠过运气。

托马斯·A. 爱迪生（Thomas A. Edison）向全世界提供了白炽电灯泡、会说话的机器、可以动的画面，以及众多人类所需的发明创造，但他的成功也从未通过好运气实现。事实上爱迪生在找到点亮灯泡的方法之前经历过一万多次失败。这证明他对"运气"这件事是没有信心的。按照个人力量发展的"十点规则"来衡量这些人及其他具有同样品质的人，你可以得出他们成功的原因：因为他们开发并运用了这10种品质。成功是心智能力组织的结果，是控制局面并正确引向预先确定好的目标的结果。

但是我需要提醒你的是，"锁定了目标就足以取得成功"这样的结论并不成立。个人成就的获得还有其他原则，其中的一部分或者说全部原则你都必须结合起来运用。选择一个明确的主要目标只是成功的起点。而将目标的确定性转化为物理维度上或财富维度上等价的个人能力，则来自你对其他成就原则的理解和使用。

与个人能力相关的另一个极为重要的因素是：你需要理解个人能力在发挥过程中，与你所涉及事件有关联的人态度上的区别，这个区别存在于相关者是认可并允许你的做法，还是在没有认可的情况下被动接受你。缺乏对这种差异的理解，给许多人带来了失败。仔细研究前文我们谈过的"十点规则"，你会明白，真正的个人能力的发挥是需要在其他人的认可与配合下获得的。

底特律市有一个名叫亨利·福特（Henry Ford）的人，他的人际关系哲学保证了他势必可以占据工业领域的主导地位。我希望你去底特律与福特先生见个面，因为他肯定会主导汽车行业。仔细研究研究这个人，认真衡量他那套为人处世的方法，并应用"十点规则"观察他是如何获得个人成就的。设立确定的目标是他向来执着的事情。他非常清楚地知道把所有的鸡蛋放在一个篮子里，然后以之前所设定的确定的目标为原则小心地保护那个篮子。

简单地说，他的目标是制造低价并且可靠的汽车。他有一个"单轨制运行的头脑"，但正是这个"单轨制运行的头脑"准确地带领他抵达他所希望去的地方。他的这套处世哲学给他带来了巨大的财富和来自全国各地的朋友、赞助人。或许，这将使他比他那个时代的任何其他工业领导者在这个世界上的影响力都大。

再看看伍尔沃斯（F. W. Woolworth）通过他对个人发展的"十点规则"的理解而完成了什么。他的哲学与亨利·福特的哲学相同。伍尔沃斯建造了美国最高的建筑之一（伍尔沃斯大厦），建立在普通人根本不注意的镍和10美分硬币的花费上。伍尔沃斯同样也有一个"单轨制运行的头脑"。他采用了一种简单而独特的商品推销理念，这个理念为他带来了巨额的财富。他最奇怪的成功之处在于他的商业政策的简单性。虽然他没有自己的商品销售计划的专利权，但鲜有他人可以效仿他。原因很简单，他是拥有明确的目标的，而大多数其他商人都缺乏这样的目的指向性。他们所销售的每件商品都有不同的政策，而伍尔沃斯只有一个销售政策。研究这个人以及其他人，他们的努力都是基于明确的目标，你将无可置疑地明白"成功"和"运气"二者之间没有任何联系。

这10种个人能力的基本素养必须转化为你的习惯。偶尔应用这些品质几乎是没有意义的。只有迫在眉睫时才会应用它们，而平常则忽略它们的人永远不会获得持久的力量。这些基本素养必须成为一个人品格修养的一部分，它们掌控着你的精神实质。这不可能在一天、一个礼拜或一年内完成。如果你写下这10种品质，并且每天把它们逐条看一遍，将会很有帮助。通过这个流程，每条品质将被你的大脑潜意识接管，并成为你精神品格的一部分。但是，仅仅自顾自地每天进行自我评定也是远远不够的，你必须在与其他人的关系中将这些品质付诸实践，"一盎司的实践超过一百万吨的理论"。

当一个人将这10种品质嵌入自己的性格后，接下来他就必须按照他潜意识给出的命令，通过各种应用手段努力促使它们实现以及感染别人，尤其是与他关系亲近的生活伴侣，比如家人、朋友以及与他一起工作的人。有人说"获得良好品格的最佳方式是通过帮助他人，例如去感化他们"。

一般来说，过去成功的人大多是通过"试错法"获得成功的，但这是一个漫长而昂贵的方法。这也就是为什么这么多人失败了，尽管他们的目标和意图都是值得付出的。良好的意愿和坚定的决心不足以让你实现永久的成功。人们必须获得掌握个人力量的规律，而这个知识只有那些理解和应用了所有成功法则的人才能获得。

我们现在谈论的成功形式仅仅是实现深思熟虑之后所制订的计划的情况，这种形式是永久性的。通过运用成功原则取得成功的人，可能中途会因为某种错误的判断，或者由于某些他无法控制的原因暂时失去成功的果实，但他会明白如何弥补他的损失。他将理解如何从以往的失败经验中获得新的成功。而且，掌握成功原则的人很快就可以学会如何将绊脚石转化为敲门砖，他可以知道如何从眼前的失败中提取有用的知识。最重要的是，他懂得了暂时性失败和完全失败之间的区别。如果他遇到暂时性失败，他会快速地把自己拉回来，并通过经验最终获利。他以坚定的信念取代了失败的悲观情绪。他知道如何征服那个让大多数人退却的自我限制的枷锁，因为他意识到突破限制的只不过是心态。

对于掌握成功原则的人来说，暂时性失败是重建计划的一个信号，这个信号反而会增加他获胜的决心。简而言之，这些原则为人们提供了一种观念，即"不承认失败"。准确理解这个概念会使人成功：它将一个人的思想转化为强大的磁铁，精确地吸引着等同于他自己的心态的东西，反映在他的计划上，反映在他专注的目标上。

懂得运用这个观念的人总会在他的道路上找到充足的机会，就像被施了魔法一样。他会发现即使没有明显的需求，人们也会不顾一切地主动向他提供合作的机会。一个人首先掌握了成功的哲学，然后他又冲破了阻挡他前进的一切困难，所有这一切像是奇怪的心灵上的"化学作用"。

任何懂得成功原则的人都不可能成为"退缩者"，因为所有了解这个哲学观念的人都知道它可以提供足够强大的力量来应对日常生活中的任何紧急情况！无论他的宗教信仰如何，都不会与对目标的坚定信念产生冲突。无论他销售什么商品，坚定的信念都会给销售人员带来更多的能量。掌握这些原则将使友谊长存、头脑平静、家庭和谐、经济有保障，以及为他带来一笔最大的财富：幸福感。成功哲学是完整的，因为它帮助所有掌握它的人以最小的摩擦系数、最小的阻力和最少的反对者来创造他们向往的生活方式。一旦你掌握了这个成功学原理，你就会知道它可以将人们推向非常接近"通达"的精神层面（Infinite Intelligence），并可以以此解读每个人与他的造物主之间的正确关系。

任何占主导地位的强烈渴望会在大脑中转化为你的主导思想，比如一个计划、一个想法或者一个目的，它们都会被大脑的潜意识所吸收，并通过任何可采取的实际手段将其转化为与之相匹配的物质上或经济上的等价物。在这里我要强调一个事实：相对于只有一个冷冰冰的理由支撑的计划或目标来说，任何欲望、计划或目标在被实现它们的信念以及情感所支配时，会在你的潜意识思维中占据优先地位，因此会被更快、更有效率地执行。用同样的机制可以解释消极和积极的心态：一个由持续不断关注恐惧的脆弱大脑所支配的思想最终将导致痛苦和失败，正如信念和丰富的思想将导致成功一样。

非常重要的一点是，你要明白你的"心态"是进入你大脑思维的一个双向入口，有着"双刃剑"的作用。从信仰出发的心态可以产生一种力量，这种力量会自动将你的欲望、计划或目标转化为它们确切的等价物质。同样地，这把"双刃剑"也会带来恐惧和怀疑，而这样的精神态度也可以导致同样明确、同样笃定的意识，将你的欲望、计划或目标转化为某种虚无的结果。

我可以确定地告诉你，这就是头脑的运作方式。无论是我还是其他人都没有能力讲述思维如何运作，也没办法解释大脑为什么如此运作。"无论人类相信什么，人类都能做到。"这句话不仅是演讲台词，也不是在夸大其词。众所周知，人类唯一的局限就是他在自己头脑中所建立起的格局限制。如果事实并非如此，那么我们怎么解释像托马斯·爱迪生这样的人的成就？他只接受了3个月的学校教育，实际却能做到运用他的思想能力，成为世界上最杰出的发明家。如果事实并非如此，那么我们又该如何解释亨利·福特的成就呢？亨利·福特从最初开始接受那种制式教育，也就是普通的学校教育，之后却可以用他头脑中的实际产品占据了整个地球，通过他为这个世界所带来的贡献积累了巨额的财富。

仔细分析像福特和爱迪生这样的人的成功经验足以说服任何有思想的人。那些践行自己明确目标的人，通过信念的能量实现了他们的目标，进而将他们的思想投射到通达万物的境界。在"通达"中可以找到所有人类问题的答案，满足所有人类的欲望。

这本书的目的不是引导读者对人类心智的工作原理进行错综复杂的探索或者抽象的研究，或者摆出一大堆心理学领域的抽象概念。本书的目的是希望通过在我们国家发生过的各种令人信服的实际案例来证明：在这样一个国家，人们需要或想要的东西非常之丰富，没有任何合法的理由让任何人约束自己"只是想想"。获取我们需要和渴望的事物，始终是要从"我们想要"的清晰概念，以及对实现这个概念的强烈愿望出发。在像我们这样的国家，人们唯一缺乏的是让充足的信仰占有自己的思想并充分利用这些思想。而事实证明，我们一直在谈论的"精神力量"或者说"心态"的完整性被太多次地质疑和打击。"心态"不仅仅是获取知识或教育的根本，更是所有成就的真正源泉。

再次强调：大脑的潜意识只会接受并执行你头脑中的主导思想，这些思想混合了情感因素，无论这个情感是积极的还是消极的，并且它还会衍生出限制、恐惧和怀疑的思想，转化之后衍生为某种失败，正如它将信仰思想转化为成功的机制一样。让我们了解一些众所周知的经验和案例，证明这种说法的合理性。

以 1929 年的经历为例。那一年是美国有史以来波及面最广泛、破坏最严重的经济大萧条的开始。全国数百万人开始在股票市场上博弈，他们疯狂地交易，导致了市场崩溃，投进去的钱也化为泡影。他们高度情绪化的头脑开始散播恐惧，这些恐惧扩散到四面八方，以至波及其他数百万根本没有参与股市博弈的人。而最终的最终，导致了更大规模的恐惧，银行业全面陷入瘫痪，全民挤兑，同时牵连了工业，并且以史无前例的规模关闭了无数正常的商业活动。

几乎在一夜之间，我们从幸福与丰裕坠入了恐慌与贫困，尽管事实上在恐慌期间这个国家的财富与大萧条开始之前完全相同。与所有人相关的大事件的走向都会随着他们"心态"的改变而发生变化，就像海洋的潮汐与流动一样明确而有规律地发生变化。由这个真理可以引出一句古训：成功吸引成功，失败吸引失败（Success attracts success and failure attracts failure）。

一项"失败者研究"准确分析了超过2.5万名被认定为"失败"的男性与女性。通过这项研究我们发现，这些不幸的人的工作原则通常以他们自身是"不幸的"作为出发点，在工作中运用自己不幸的心态。他们在没有进行任何尝试的情况下会将失败原因归结为与其自身相关的不幸因素，以下我们将列出的是一些主要原因：

（a）习惯性地接受因贫穷而造成的受限。通常来说，这反映在对三种生活必需品的需求上：食物、住所和衣服。这里我们探讨的并不是因缺乏野心而导致人们缺乏对生活必需品的渴望。我现在分析的是一个众所周知的事实，也就是说，尽管我们的国家拥有丰富的财富，但大多数人除了获得纯粹的基本生活所需之外，没有其他明确的目标。

（b）没有认识到外部事物和环境因素都不会影响任何人的自身"心态"这件事。只有那些拒绝掌控自己的思想且拒绝使用它们的人才会给他们自己的思想施加限制。不胜枚举的事实证明，无论何时，只要一个人对自己的思想拥有掌控权，并决心用它来获取财富，任何正常的思想都可以打破这些贫困限制。当安德鲁·卡耐基决心放弃普通的工作开始组织和经营起伟大的钢铁工业，并以此开启更有利润的事业时，他证明了自己的思想是有能力消除自我限制的。托马斯·A.爱迪生决定离开他作为电报员的工作，而后成为世界上最伟大的发明家，也同样能够证明信念的强大力量。这样的转变简直是天壤之别。信念的力量，也帮助他参悟通达，做到了常人不可及的事。

（c）未能认识到"希望获得某物"与"一定要获得某物"之间的重要区别。每个人对能在生活中拥有更美好的事物有着火焰般强烈的愿望。但许多人会犯下这样的致命的错误，他们会相信一个愿望与一个被明确定义了的目标是相同的。但这两个概念的差异恰恰是失败与成功之间的差异。

（d）有接受自卑感，或者允许某种形式的恐惧限制自我思想心态的习惯。许多出生在贫困环境中的人，以及那些与已经接受贫困的人有关联的人，在他们自己的头脑中通常建立了这种无法逾越的障碍。每年都有数百万儿童生于贫困之中，他们从未意识到他们自己可以改变现状，从不相信他们有一天可以经济独立。从幼儿时期开始直到死亡，他们将自己思维的力量用于"挂倒挡"，谴责自己的贫困，就好像他们天天都在祈祷不幸一样。

（e）没有主动出击的习惯。这可以追溯到性格本质问题上。

从不会主动的人通常是接受自卑的表现。很明显，那些缺乏主动性的人永远不会有欲望占有自己的思想或其他任何东西。

（f）目光短浅。自愿地或习惯性地忽视自我建树，非常有限地使用他们的思想力量，从不会着眼于平庸之外的任何生活方式。无论造成限制的原因是什么，一个人的成就都会终结于他思想上的局限。那些追求很少的人通常只会获得他们眼前的东西。

（g）缺乏将自身人格向着更有吸引力的方向发展的愿望，且忽视这种发展的重要性。这样的人不会学习掌握无私的性格、习惯和技能，也不会秉承无私的精神为他人付出。他们向来都不会忘记自己，并且思考的只有自己。那些只懂得爱自己的人几乎没有盟友。

（h）拖延。这种习惯会导致一个人在生命中漂移，并且在每一个转折点都命悬一线。嗜睡和贪图便利从未建立起帝国。

（i）交友不慎。选择具有贫困意识和目光短浅的人作为伙伴。思想与心态是具有传染性的。这就是为什么那些被认为成功的人通常会将"与野心勃勃的人交往"作为一种责任，他们拒绝接受生活的限制。

（j）缺乏信仰，不会做祷告或者从不自省冥想。通过信仰与冥想，大脑的潜意识将感悟出通达的智慧，这个智慧会展示一个人的心理图景。

人们常常会抱怨自己所遭受痛苦、贫困和失败的主要来源。作为开启成功的第一步，你可以自我盘点一下，看看你在自己的脑海中躲避了多少失败的原因。

思想是唯一没有固定价值的资产。它们是所有成就的开端，它们是所有财富的基础，它们是所有发明的起点。思想使我们能够利用一种被称为以太的能量，任何大脑都可以通过这种能量与任何其他大脑进行交流。

思想的形成始于目标的确定性。"会说话的机器"只不过是一个抽象的想法，直到爱迪生将它提交到大脑的潜意识部分，然后被投射到无限智能的大水库中，并以明确计划的形式闪回他的脑海。

反沙龙联盟（Anti-Saloon League，也称"反酒馆联盟"）在40多年前也只不过是一个存在于俄亥俄州韦斯特维尔村的两个人的模糊的想法。但经过一段时间后，他们坚定的目标最终让这些酒馆不再存在。我不是在试图提出这个想法的优点。我想表达的重点在于他们坚持不懈的精神，我只是在关注思想的力量。

艾尔·卡朋（Al Capone）赋予想法之生命。这是反沙龙联盟工作带来的社会条件变化的直接结果，尽管他的想法令人讨厌，但他的目的十分明确。这样坚定的动机带来的结果就是导致了美国政府强大的执法机构停止反对他。因此人们需要认识到，无论善恶，在明确目标的支持下这些思想都会起作用，重要的是它们起作用。

扶轮社运动（The Rotary Club movement）①也同样始于一个想法。最初有这个想法的是一位律师，他的目的是扩大他的个人认知与知识储备，从而在不违反律师职业道德规范的情况下拓展他处理法律事务的能力。国际扶轮社的想法一开始很谦虚，但它有明确的目标原则支持，直到它现在覆盖了世界的各个角落，并作为一种媒介，使人们可以在世界上几乎每个国家都以友好的团契精神聚集在一起。

新大陆被人类发现，并受到文明进程的影响，这一切也仅仅来自一个小水手的想法。而使这一切变为现实的，也仅仅是因为他对自己想法的坚定信念。是时候了，现在我们应将当初发现新大陆时的探索精神重新拾起，这是改变人类的精神。

基督教是迄今为止影响力较大的宗教，而它始于一位木匠的想法。通过持续运用明确目标的原则，这一宗教已经被世世代代推进了 2000 年。

人们所相信与期待的东西总是会以一种奇怪的方式出现。让我们这些正在努力摆脱贫困与苦难的人不要忘记这个伟大的真理，因

---

① 国际扶轮（Rotary International），也被称为国际扶轮社，总部设于美国伊利诺伊州埃文斯顿，是由分布在全球 168 个国家和地区，共约 3.3 万个扶轮社组成的服务性国际组织。它是一个非政治和非宗教的组织，不分种族、肤色、信仰、宗教、性别或政治偏好，面向所有人开放，自由参与。其宗旨为借由会集各领域的领导人才，在全球范围内推销经营管理理念并提供人道主义服务，促进世界各地的善意与和平。

为它适用于每个个体和整个民族。

现在让我们看看"意识"在大脑中的工作原理。对于任何有思考能力的人来说，储备在头脑中的意识、想法、计划和目标首先会进入大脑的潜意识部分，之后，它们被挑选、被拾取，并通过某种方式实现一系列符合逻辑的思维运作。这种方式也就是"通达"的过程（Infinite Intelligence）。

将一个想法从有意识到你的潜意识的加速转移，可以通过信仰、恐惧或任何其他强烈的情绪，例如对某事的热情、仇恨或是嫉妒。基于这些情绪，之后再加上明确且强烈的欲望的助推，则可加强刺激这个想法的振动。基于信仰的想法在坚定程度和行动速度方面可以优先转化到大脑的潜意识部分。信仰的力量，无论是它敦促你、给你带来的鞭策，还是它为你带来的肯定性，使人们相信某些现象是"奇迹"的结果。当然，心理学家并不认为所发生的一切都是由于"明确的原因"。尽管很难解释得通，但能够通过被称为信仰的精神态度摆脱自我思想限制的人，通常能够找到解决问题的方法，无论其性质如何。

虽然"通达"不是什么万能的谜题自动解答机，但却可以将任何明确的欲望、计划或目标作为一件重要的事情提交给潜意识，并且帮助你得出合乎逻辑的结论。然而，它决不会试图改变或者取代你原本的想法，也不会自动地指导你、告诉你应该怎么做。请把这个牢记在你的脑海里，你会发现自己拥有足够的力量来解决问题，而不是像大多数人一样一天到晚只会担心他们遇到的问题。

所谓"预感"往往是当这种通达的智慧正在试图触及并影响你的思维时的一个信号。这些信号通常是为了回应一些想法、计划、目标或欲望，或者是大脑潜意识在运转时所产生的一些恐惧。当"预感"频繁地向你传达最有价值的信息时，无论是全部信息还是部分信息，你都需要好好应对这些"预感"，仔细琢磨分析。在你的思想被激发，然后转移到思考和参悟开始运作之后，这些预感常常会出现数小时、数天或数周，而人们经常忘记了启发他们的最原始的念头和初心。

这是一个深刻的主题，是一个只有当你冥想时才会琢磨的事儿，就算是聪明人也很少能悟透。许多人认为，有些事情的结果是人们遵循了宗教教义上所描述的方式进行祈祷产生的效果。许多人也相信，在信仰的支持下，目标的确定性本身就是最好的祈祷。理解这里描述的心智原则，你会得到一个更可靠的解题线索：为什么通过祷告有时会带来一个人所希望得到的结果，而有时会带来一个人不希望得到的结果？设想一下：大多数人只有在经历了次次失败，屡屡受挫之后才会转向祈祷，当他们的思想充满恐惧或怀疑的时候，恰恰就是最紧急的时刻。看到这里你可以明白为什么祷告经常会带来一个最不希望得到的结果。如果你的思想充满了恐惧或怀疑，那么你看待万物和感知它们的心态就会按照这个悲观逻辑发展。

能够带来结果的信仰通常是一种对渴求事物望眼欲穿的心理态度。这种心态只能通过心智上的准备和自律来实现。有时自律可能是个人刻意努力的结果，有时它可能是一些深刻的悲伤或极度的失望导致一个人转向"内在自我"以获得安慰的结果。失败有时是因祸得福。

仔细分析人类文明的进程，人类受到的责难之频繁会给你留下深刻的印象。诸如全球性的大萧条让人们认清了"失败与失望是纪律的武器"这一理论，众生被迫转向他们的精神层面以寻求援助。从 1929 年到 1939 年，波及全球的 10 年萧条被认为是大自然以自己的方式在逼迫人们重新夺回他们在第一次世界大战期间所消耗掉的精神价值。

在没有精神力量的情况下没有哪一位伟大的领导者能够取得令人瞩目的成功。精神力量比人类本身更强大，而人类有限的思想往往难以理解。接受这个真理对于成功地走向任何目标都至关重要。各个时代的伟大哲人们，从柏拉图、苏格拉底到爱默生，以及我们这个时代伟大的政治家们，从乔治·华盛顿（George Washington）到亚伯拉罕·林肯（Abraham Lincoln），他们都在时代的迫切需求下转向内心的自我。只有那些会认识并利用"内在自我"，并能够感知到无限能力的人们才会获得伟大而持久的成功。否则，人永远不会有任何成就。没有认识到这个深刻的真理可能是整个世界精神破产的主要原因！无论你是谁，无论你的使命是什么，如果你忽视或拒绝承认精神力量的存在，也不会利用你的精神力量，你将永远不会拥有真正强大的力量。

据说有一个男人被人们奉为美国最伟大的人寿保险推销员，并且连续 15 年一直是"百万美元俱乐部"的成员。这个俱乐部是一个人寿保险销售人员的组织，成员们入会的标准是每年至少出售 100 万美元的保险。他任何商务上的成绩，都是基于这个人"冷静的头脑和计算能力"。每次打电话给潜在的保险购买者之前，他一定要与"内在自我"花至少一个小时的时间进行交流，来准备自己的思绪。在这段思考时间内，他首先消除自己纯粹的冷静状态，开始调节、调动和控制自己的心态。当然也有人说是他在祷告时与上帝做了交流。不管怎样，他发现自己在思考过程中产生的信念帮助他成功销售了保险单。信念和心态对他在其他事情上的帮助也是一样的有效率。

这个人在他的销售上没有任何戏剧性的方法，也没有任何宗教信仰的特色。他利用自己精神力量的具体方法是他自己和造物主之间的事情。现实层面中，这些手法表现在为他人服务时的真诚。这个人在自己内心寻求精神力量源泉时采用了一种宁静而朴素的方式，这种方式使他更接近所有能量的根源，而不是像有些人一样戏剧性地宣传他们的宗教信仰。评判托马斯·A.爱迪生的人如果不了解他的个人信仰，就会错误地认为他之所以可以成为世界上最杰出的发明家是由于他强大的推理能力。而事实则是完全相反的。长期以来，拿破仑·希尔先生对爱迪生先生充满信心，他说爱迪生先生的成功主要归功于他善于转换角色的能力，这个角色不是别人，而正是成为"内心的自我"，因为这个能力可以解决他最困惑的问题。爱迪生先生深刻了解并充分利用了他的精神财产。与许多表面宣扬深层精神信仰的人相比，他在本质上更具有掌控精神的能力。

亨利·福特的巨大工业企业和他在金融才能上的智慧同样来自他利用精神力量的习惯。这对于许多人来说，也可能是一件令人惊讶的事。福特先生从来没有提出或宣传他的精神信仰，但他确信他拥有的财富以及伟大的成就来自他对知识和精神的运用。欧洲独裁者们会常常在屋顶上大声呼喊："战斗！因为上帝站在我们这一边！"与这些独裁者不同的是，福特先生平静地推进他的事业，并默默地将他的每一个目标都提交给自己的精神层面处理，那是他灵魂的水库。如果一个人想通过他的成就来判断，剖析他，那么这个成就便是那个带领他不断前进的"处理系统"。这个处理系统为他带来勇气、果断和智慧。

安德鲁·卡耐基曾经说过："留意那些用精神力量加强个人目标与宗旨的人，因为他很容易在你现在所处的位置上挑战你，并在大场面上超越你。"当30多年前卡耐基先生展望未来时，预言了亨利·福特将成为汽车工业的引领者。他的预言是基于福特先生对精神财产的认可和运用。

不久之前，《思考致富》（*Think and Grow Rich*，一本个人成就哲学手册）^① 一书的出版商开始从爱荷华州得梅因市（Des Moines, Iowa）及附近的商店收到该书的电报订单。这些订单中注明要求立即发货。本书的作者和出版商都不知道是什么原因导致得梅因市附近的书籍销售激增。直到几周后，作者收到了一封来自得梅因市永明人寿保险公司（Sun Life Assurance Company）推销员爱德华·P.蔡斯先生（Mr. Edward P. Chase）的来信，他说：

> "提笔致信是为了表达我对你的著作《思考致富》的感谢。我遵循了这本书中的建议。之后我便有了一个想法，这个想法获得售出 200 万美元的业绩。以上是得梅因市有史以来最大的单笔销售。"

蔡斯先生信中的关键句子是第二句——"我遵循了这本书中的建议"。我想简要地告诉你为什么蔡斯先生可以如此轻易地将一本书的内容转换为普通保险业务员打拼 4 年的销售业绩：这本启发了重要商业交易形式的书中充满着精神刺激，这是其 25 万读者中的许多人可以证实的事实。

总之，蔡斯先生确实以开放的心态阅读了这本书并"遵循了这

---

① 《思考致富》是美国成功学家、本书作者拿破仑·希尔创作的人格心理学著作。该作在作者 20 多年的亲身采访中逐渐完成，以其准确、精练的语言揭示了成功的秘密，并提出了 13 个步骤，全球销量已超过 7000 万册。

本书中的建议"。他带着一个被不可抗拒的信仰所支持的明确目标卖掉高达 200 万美元的保险单。他不仅是像别人所做的那样阅读了这本书，他没有不假思考地把它放在一边，质疑它所描述的原则是否会有效。他以开放的心态阅读它，感悟它所描述的具有刺激性的精神力量，并立即将这些力量用于人寿保险的销售工作上。

在阅读这本书的过程中，蔡斯先生的思想与作者的思想建立起了关联，而这种接触使他自己的思想明确而强烈地加速，以至孵化了一个想法。这个想法就是出售一份他自己从没有成功卖出过的大额保险单。该保险单的出售成为他直接的主要明确目标。他开始毫不拖延地运作起来，然后就这么实现了这个目标。没承想，目标达成！出售 200 万美元的保险单比起之前他卖过的 1000 美元的保险单没多消耗多少时间和精力。正如卡耐基先生所说的那样受精神力量驱使的人"很容易在你现在所处位置上挑战你，并在大场面上超越你"，无论他是出售人寿保险还是挖沟开渠，对于那些真正理解精神力量并且相信掌握这种力量可以解决各种问题的人们来说，根本就不会存在失败这件事。

卡耐基先生曾经说过："对于有些人来说，他们的一大弱点就是他们知道得太多了！知道太多事情是行不通的。"他的意思是：这些人对自己的信念带来的力量太过于陌生，以至他们完全想不到使用自己的能力。即使通过自身的能力，他们明明本可以感悟出伴随他们生命的通达智慧。真正伟大的人总是豁达谦虚的。傲慢的人永远不会触及通达的境界，没有通达智慧辅佐的人的成就也是很渺小的。

仅仅随意翻翻本书并不会给抱有学习心态的人带来最大的好处。这本书的实际内容远远超出其印刷出来的文字内容。在这些打印纸后面隐藏着"那些东西"，只有读者能够带着明确的目标，以开放的心态阅读，并且有决心抓住钢铁行业大师以及其他伟大企业家们的精神才可以找到，而这些才是本书课程的精华。

愿景是无价之宝般的资产。被动的愿景只会导致不切实际的白日做梦。卡耐基先生用简单的语言描述了明确目标的原则，任何大学生都有能力理解。只有当向"明确的目标"施加精神力量，并给予其生命力和行动力时，它才不仅仅只是一个被动的愿景。目标的确定性只是成功的起点。

一个人的目标必须从被动范畴中解脱出来，并武装上行动的精神力量！一个人的主要目标，要确保其最大限度地实现，必须给予强迫性的力量。在此介绍一个直观的方法，通过这个方法可以达到你的理想目标。现在我来描述一下这个方法的具体实施步骤：

（a）写出一份关于你生命中主要目标的完整且清晰的陈述，并签上自己的名字，把它深刻地记在脑海里，并每天至少口头重复一次。当你这样做时，你应该怀揣着祈祷般的虔诚心态，你对达到主要目标的能力信心百倍，甚至你都可以看到自己已经拥有它了。

（b）写下一个严肃的计划，阐明为了达到这个主要目标的具体计划你准备如何执行。在这一点中最重要的是，你的所有计划要具备足够的灵活性，以便你可以随时更好地调整，修改或者替换它们。在你需要修改计划的时候，你可能会感到内心有种冲动。这时候请务必记住，每天重复目标的目的是将它铭刻在你的潜意识中，之后它会反过来敦促你为之采取行动。还要记住，当你找到感觉的时候，你的这些感觉可以帮助你找到计划的方向，将你的目标转化为实际意义上的等价物。因此，请你始终保持敏感，以便随时调整你的计划。这个信号将以"突然的想法"或"预感"的形式出现在你的脑海中，也许是在你最不期待的时刻。收到信号时，请不要犹豫，要立即做出回应，并根据这些信号带给你的启发做出相应的计划调整。

（c）当你写出关于你的主要目标的陈述时，陈述中要包括你希望其实现这个目标的时间。时间至关重要。就像法律合同一样，必须有一个合理的时间期限，在此期限内必须履行合同条款。这与思考的紧凑性是同一个道理。如果你没有给自己设定目标的时限，你的潜意识可能会随意建立一个时限，没有长短。只有你明确了实现目标的时间，你的智慧和信念才会起到积极的作用。

（d）口头重复你的书面陈述主要是为了控制你的心态。做这件事的时候，一定要在你独处、完全不受打扰的时候再开始这个深层的仪式。并且一定要在清除了你的恐惧、怀疑和担忧的情绪后再开始做。通达的智慧会开始行动，并开始建立你的积极心态，帮助你表达自己的欲望。如果你能感悟到做这件事的意义，并养成执行它的习惯，你很快就会发现自己仿佛掌握了一把钥匙，它可以打开智慧的大门。

为了使读者不会对一个人的主要目标应涵盖的主题感到困惑，笔者呈上以下"锁定主要目标"的一般构架标准作为指导：

第一段应准确说明在为实现一个主要目标的时限内所希望获得的成就。

在第二段中，应清楚明确地描述你为了做成某件事时预计为此付出的确切劳动质量和劳动数量。在这一点上不要抱任何不切实际的幻想。这个世界永远不会奖励那些无所事事的人，也不会偏袒那些欲望与付出不成比例的人。人类有时会互相欺骗，但是从来没有人可以欺骗这个隐藏的规律。

在第三段中，应描述你在为了换取你所希望的财富而劳动时打算具备的心态。在这点上的描述应该清楚地表明，你将以平和的心态将自己与每一位接受你的劳动服务的人联系起来。请记住，在你执行这条内容时，你的劳动服务对象会受到你"心态"和你的个人行为模式的影响。就像信念一样，和你有关系的人对你的反馈心态也同样会做出与你相符的回应。再次强调，请不要忘记这一条的深刻意义。如果你忘记了，你的错误可能会使你白白付出全部努力。

在第四段中，清楚地描述出作为一位美国公民你在履行公民义务时打算做的事情。在你落笔的时候请一定记住，没有人可以在不顺应美国社会价值观的情况下就享受各种待遇和特权。这段内容应准确展现你的个人特质，也请你站在更高的视角，慷慨地承担起对这个国家的责任。还要记住，你对你的国家的"心态"将以令人惊讶的方式感染别人，无论是你的同事、亲友还是服务对象。之后，他们通常会从某些方面帮助你获得你所期望的物质财富或其他类型的成就。得到他人尊重和喜爱的同时，也就相当于消除了你和你的主要目标之间的大部分障碍。上述理由已经非常充分了，和别人的关系如何与你的自身利益紧密相关。

在第五段中，明确说明你打算采用何种方式和方法来发展与使用你所掌握的精神力量。这种承诺可以帮助你采取你想到的任何方法，但肯定需要遵循明确的宗教习惯，旨在更广泛和更积极地运用你的精神财产。如果你属于一个教会，你应该加强和改善你与精神导师的关系。如果你尚不属于一个教会，也还不是哪个宗教的信徒，你则需要建立起这种联系。教堂提供了每个人都需要的精神寄托的氛围。但是在这里，就像在所有其他人类关系中一样，人们只能够得到与之付出成比例的回报。从任何教会收获的最佳福利通常来自第一部分，也就是与这个信仰建立起关系的部分。开始吧！

在第六段中，你需要承诺在你有资格投票的所有选举中行使你的权利和义务。如果不参与投票，无法选择出可靠和诚实的公职人员，你就不可能成为一个好公民。如果我们自夸的美国精神是为了所有公民的利益而保持自由和民主的力量，那么每位公民都必须通过行使自己投票的权利，保证诚实可靠并且对这个国家会做出贡献的人就任。

在第七段中，明确描述你打算改善与家庭成员关系的"心态"。这项指示对于作为一家之主的男性尤为重要。如果一个男人正确地与他的妻子交往，那么这个男人的妻子在帮助他维持和运用他的勇气方面会有很大的好处。她应该是他的"智囊团"（Master Mind）小组中最重要的成员。但如果她对他的关注点与目标并不完全支持，她的存在将弊大于利。事实上，各个年代中大多数伟大的领导人都拥有与女性的和谐合作。这一点非常重要。当一个男人和他的妻子的思想持续融合并处于一个和谐状态，并在精神上具有同理心和共同的目标时，他们几乎可以冲破任何可能会阻碍他们前进的障碍。

在第八段中，你要许下这个绝不违背的承诺：无论多么冲动都不要诽谤或贬低别人。对于一个人的心态来说，没有什么比习惯性八卦和诽谤其他人更致命。成功的人不会有这种粗俗卑贱的习惯。这是对你自己灵魂的侮辱，是对你运用智慧的羁绊。

通过"明确的目标"建设美国的人们

作为本章节中一个恰当的高潮，我在这里简要介绍一些对美国精神的建设有所贡献的知名人士。他们这一代人都理解这种美国精神。这些人的成就清楚地表明了他们理解并应用了目标确定性原则。毫无疑问的是倘若没有"明确的目标"，他们不能被列入这一杰出人士清单中。

亨利·福特（Henry Ford）：美国首屈一指的实业家亨利·福特虽然在成就哲学的大多数原则上都处于非常高的地位，但他最突出的优秀品质在于追求目标的习惯。他的工业帝国和他的财富均来自对这一原则的应用，而且这一原则的应用对他的帮助完全超过任何其他成功原则。福特先生允许工程师精简他的汽车设计，但他在商业政策上则从未有所精简或改变。从他开始打造自己的工业帝国起，他就确定将"制造与销售最可靠的低价格汽车"作为他的主要目标。之后的几十年中，这仍然是他的主要目标。鉴于其 40 年的成功记录，没有人会质疑它的稳健性。

自从亨利·福特开始从事这项业务以来，同时期约有其他 200 人从事汽车制造工作，而他们的名字现在都没有被人们记住。这些人中的许多人比福特先生受过更好的教育，而且几乎所有人都从开始他们的工业生涯时就拥有比福特先生更多的初始运营资金。他们所拥有的以及他们所需要的不仅仅是运营资本，而是一种定义明确的、有目的性的奋斗精神。

托马斯·A.爱迪生（Thomas A. Edison）：爱迪生的杰出同样源自他有一种专注于"明确的目标"的思想。任何坚持一项任务得到一万次失败的人——正如爱迪生在寻找白炽灯泡的可行原则时所做的那样——除了"伟大"应该没有任何其他形容词可以描述了。普通人通常在一两次失败之后就会怀疑，然后放弃，有些人甚至会因为预料到失败而不去面对它。

沃尔特·克莱斯勒：当沃尔特·克莱斯勒还是一个年轻人时，用他仅有的一笔钱买了一辆汽车，回家后便把发动机拆开了。他拆下了每个螺母、螺栓和螺钉，他抬起了活塞和曲轴，他拆下了阀门和齿轮。然后他去上班，回来后又把这些零配件全部重新组合在一起。他一遍又一遍地重复这套工序，直到最后他的亲戚开始认为他已经失去了理智。但克莱斯勒知道自己在干什么！他选择了汽车制造作为他的"明确的目标"。在进入这个行业之前，他想学习所有关于汽车机械结构的知识。但是，比这更重要的是，他想让自己的思想和汽车融为一体。当他最终采取行动开始制造汽车时，他的名声和财富一下子上升成为在整个工业界被探讨的高度。

有人说，如果一个人确切地知道他想要什么并对他想要得到的东西有非常强烈的欲望的时候，那么他就可以得到任何他想要的东西。这似乎是一个很泛泛而谈的言论，但通过对心灵力量的研究证实了这个观点的成立。很多年前，罗素·康威尔（Russell Conwell）需要一大笔钱在费城建立一所大学。他自己没有钱，也不知道如何通过正规的商业渠道从别人那里得到这笔钱。他最终被迫转向求助他的"内在自我"。"内在自我"影响了他的思想，使他萌生了一个如何换到这笔钱的想法。这个想法通过一种"预感"被移交给他，"预感"的力量刺激了他的大脑，使他从睡梦中醒来。这个想法很简单。他以《钻石之地》（*Acres of Diamonds*）作为题目进行了一场关于是什么启迪他写作的演讲。在人们的热情包围下，康威尔博士进行了数千次演说，并让他的一生收获了超过 400 万美元的回报。这个经典讲座后来以书籍的形式出版，多年来它一直都是畅销书，现今也仍然多次再版。

当阅读讲座的印刷版书籍时，这个演讲看起来简单易懂，但是它里面饱含了作者对精神力量的满腔热血。正是这种精神元素使它渗透到了所有听过讲座的人心中。无论一个人是写书、讲道，还是制造一辆汽车，如果他在工作时利用他的精神力量，并准确地知道他希望通过他的工作完成什么目标，他将会游刃有余地达到他希望完成的目标。"半心半意"的努力只会产生半成品。一个人工作的心态是影响其工作质量的决定性因素。这就是为什么一个人最喜欢做的事情恰恰是他做得最好的事情。

弗兰克·古斯努斯（Frank Gunsaulus）是一位年轻的传教士。他渴望在芝加哥创立一所大学。但是他既没有资金，也没有有影响力的朋友可以帮助他得到资金。他就像罗素·康威尔博士一样，为了他的需求转向求助"内心的自我"。他需要的金额是 100 万美元。这个整齐的数额，对于一个年轻、无名、身无长物的牧师来说是一笔相当可观的金额。但是，上帝以神秘莫测的方式展现了他的奇迹。

古斯努斯牧师下定决心去寻找这 100 万美元。以这个明确的目标为起始点，他坐在书房里开始思索怎么才能获得这笔钱。他毫无杂念地独自思考了 3 个多小时。整个思考过程，让他仿佛感悟到了什么。他想通了，其实自己并不缺乏生产金钱的能力，也不缺乏获取物质的能力。之后古斯努斯牧师有了获得这笔钱的具体想法。他训练有素的头脑以极快的速度进行梳理工作——大脑在人们遇到转折的关键时刻总是以这种高效的方式工作。

短短几个小时他的计划就出来了。正如他后来自己描述的那样，"它就这么凭空闪现出来了"。这个计划是一个他受到启发后的布道，名为《我将用百万美元做什么》。通过在芝加哥报纸上发布消息，他宣布自己将在下个星期天早上宣讲这个主题。这个消息引起了包装厂大佬菲利普·D. 阿莫尔（Philip D. Armour）先生的注意。他可能是出于好奇就去听了布道（牧师将阿莫尔先生的这种好奇归于天意）。

在古斯努斯牧师讲道之后，阿莫尔先生从他的座位上站了起来，慢慢地沿着过道走到讲台上。令会众惊讶的是，他伸出手并握住了这位年轻的牧师的手，说道："你的布道给我留下了深刻的印象。如果你明天早上来我的办公室，我就会给你支票，支付你想要的 100 万美元。"阿莫尔先生就这样提供了资金。古斯努斯牧师用它建立了美国中西部地区最著名的大学之一——阿莫尔技术学院（Armour Intitute of Technology）。

古斯努斯牧师告诉阿莫尔先生如何利用他的精神财产来满足他的需求。"在我走上讲台宣讲布道之前，"他解释道，"我走进了洗手间，关上灯，跪下祷告了整整一个小时：我的布道会带来我需要的 100 万美元。我没有告诉上帝我希望从哪里获得这笔钱，我只是要求他引导我找到正确的来源。当我走上讲台时，我感受到了很大的保护力量。那时我觉得自己仿佛已经拥有这笔钱了。"

后来，人们将古斯努斯牧师和阿莫尔先生两个人的笔记进行了对比分析，并发现了一个令人震惊的事实。几乎在古斯努斯牧师进入卫生间祈祷的同时，阿莫尔先生正在阅读报纸上的布道宣传广告；就在牧师跪下祈祷的时候阿莫尔先生决定出席布道。"来到我身边，"阿莫尔先生说，"这种奇怪的呼唤促使我站起来去听他布道。"

对于这些经历，有一些令人印象深刻的东西——特别是当一个人了解了这个原理本身，并深深地信服的时候。事实上，人们在寻求他们的需求时，最终发现供应这个需求的来源唯一可控的因素其实就是他们自己思想意识的力量。这难道不是一件很奇怪的事情吗？所有财富的来源，所有欲望的答案，所有问题的解决方案都是思想作用的结果。但我们经常只是将其作为最后的手段，在最后一刻才转向思想和意识。或许这是因为我们的信息已经被次次努力后的次次失望扼杀了。我们的精神力量会在其他方向寻求我们的需求。

克努特·汉姆森（Knut Hamsun）：年轻的挪威人克努特·汉姆森花了 20 年的时间试图找到他在这个世界上的自我定位。他渴望在一些职业中取得成功，但他所尝试的一切都变成了"失败"。他接受了他能找到的各种卑微的工作，并且忍受着从一个地方被踢到另一个地方。最后，他获得了芝加哥街道车辆指挥的工作。这项工作持续了几个星期，之后他又被解雇了。开除他的人告诉他，当他们把钱递给他时，他的大脑根本没有足够多的地方接受这些钱。这一挑战引起了汉姆森的反击心理。他决定做一些让他摆脱贫困的事情。他坐在人行道上，沉思了好几个小时，最初在不知不觉中开始应用到我们一直在强调的原则——明确目标。他认为，虽然他是世界上最有代表性的失败者，但他会写一本书来描述一个享受这种"与别人不一样的人"的感受。这本书他命名为《饥饿》（*Hunger*，1890），造成了轰动。之后，他又出版了史诗级别的著作《大地硕果》（*Growth of the Soil*，1921）。他因其文学成就获得了 2.5 万美元的诺贝尔奖奖金。退休之后回到了他心爱的挪威，世界各地的出版商都追随着去敲他家的大门。同样，在所有其他方面都失败后，他也转向了"内在的自我"，在那里发现了一个他自己不曾知道的财富金矿。

米洛·C. 琼斯（Milo C. Jones）：来自威斯康星州的米洛·C. 琼斯因为瘫痪无法行动，更无法像正常人一样生活。在受到这个疾病的折磨之前，他是一个过着安逸生活的农民。突然某一天这个天降的不幸把他制伏住了，自此他再也无法下到田间工作了。因此，出于纯粹的生存需要，他转向"内心的自我"进行求助。他发现了自己深层次的思想，并开始使用它。在他瘫痪后，他在床上平躺着，用一种"预感"指导着他的家人完成工作，来实现他的想法。这个想法很简单。他把饲养的猪和喂给猪的玉米一并转化为香肠。他称他的产品为"小猪香肠"（Little Pig Sausage）。在他去世前的几年，他通过这个配方积累了超过 100 万美元的财富，并建立起了一个为全美国人服务的企业。

多么奇怪啊，在被生活所迫或面临失败之前，人们从不会发现自己心灵的力量。在他最绝望的时刻，米洛·C. 琼斯发现了他的精神财产。当时的他也只能利用那个农场，因为他没有别的地方和机会可以施展自己的拳脚。他告诉笔者，在他开始受苦之前从来没有想过依靠他的什么想法来满足他的需要。他依靠自己灵活有力的手和腿，每天开销只需几美元就够了，什么都不用想。

詹姆斯·J. 希尔：他是美国大北方铁路系统的建设者，取得了巨大的成功。他按照自己的计划从不起眼的电报操作员一职升迁到系统指挥负责人的位置。在任何时候，他都没有依靠运气获得个人权利。

人们会为那些知道自己要去哪里的人让路，为他们腾出空间，因为这些不断前进的人的行动表明了他奔向目标的决心。而每个人真正理解这件事又需要多长时间？这需要你亲自测试并确信。缓步行走在街道上，你似乎不知道自己要去哪里，你脸上挂着犹疑，你眼中透着迷茫，看着人们将你推到一边，是多么粗鲁吧！扭转你的战术，加快你的步伐，带着你的决心直视前方，然后再看看人们给你让路的方式吧！任何人群都会为那些笃定奔向某个目标的人让路，而他的行动也表明了他希望人们不要阻碍他前进。

　　拥挤的街道并不是那些脸上和行动中都带着他"明确的目标"的人走过的唯一地方。任何从事销售业务的人都知道他自己的"心态"是决定销售的重要因素。以一种令人怀疑的心态接近他的潜在买家的推销员通常可以以某种方式将他的心态投射给买家。人人都知道，确切了解对方想要什么并决心获得它的销售人员每年可以用那些文书纸张从民众那里换走数百万美元。同样众所周知的事实是，尽管有些销售人员提供的商品具有无可置疑的价值，但他们缺乏决心和自信，落得空手而归。

　　目标的确定性是一种无法抗拒的力量，无论其使用方式如何，无论用于何种目的。

　　在阅读托马斯·潘恩（Thomas Paine）的作品时，我发现了一个非常重要的论点："到目前为止，我所获得的这些有用的知识都是在深刻的冥想和思考之后，它们的精华才会闪现在我的脑海中。"这是一位被后人称为"启动美国革命的先行者"，他提出的论点也是启动思维革命的一把钥匙。

在与安德鲁·卡耐基先生合作整理个人成就哲学理论的那段日子里，笔者有幸在3年半的时间里在马里兰州切维蔡斯的杰出科学家埃尔默·R.盖茨博士（Dr. Elmer R. Gates）的指导下进行学习。我从与盖茨博士的密切接触中了解到，他获得的大多数专利都是在目标确定性原则的帮助下完成的。

这些研究（其中一些是基本的研究）的实际进行方法如下：盖茨博士坐在一个黑暗的隔音房间的桌子旁，集中精力思考他所拥有的与发明有关的已知事实。在他工作的地方，等到他的思绪开始向他发送新的信息时，然后他打开灯，写下他所想到的一切。美国一些巨头公司会邀请他来工作，让他以这种方式"坐着"（sitting for ideas）寻找创意。公司会以每小时为单位付给他丰厚的酬劳让他"坐着"，无论他们是否得到了理想的结果。

这是一段伟大的科学家工作方法的真实描述。他的整套工作程序的基础是集中精力思考他最初确定下来的目标。

大多数人在生命中多半时间里都在寻找一些我们希望取得成功的想法或计划，却没有意识到所有成功的秘诀都已在我们自己的脑海中。说起来是多么可悲啊，但事实确实如此！我们唯一能做的就是控制自己，踏实地坐下来去思考，然后运用自己的能力。在美国，我们拥有着在别的地方不一定能保证有的自由，我们拥有尚未被开发出来的每一种自然资源。我们拥有伟大的教育机构和图书馆，可以向人们提供整个人类文明历史中所有有价值的知识。我们拥有着最好的工业系统。我们有权在任何职业或我们选择的行业中展现自己。我们的宗教背景，提供了无限的、充分的礼拜和祷告自由。简而言之，除了对我们自己思想力量的理解之外，我们几乎拥有一切。对自己思想上、信念上、意志上的掌控能力恰恰是我们最需要的东西。这个能力除了要求你要努力地适应和使用它之外，根本没有任何成本。

现在，收获这一章知识的权利就交给你了！本课程中所描述的原则，无论是引向成功还是失败的原则最终都会归结为 9 个积极的、活跃的、鼓舞人心的并且相互之间密不可分的词语，它们是：明确、决定、决心、坚持、勇气、希望、信仰、主动和重复。请你一遍又一遍说出可以陈述你最终的主要目标的词汇，让你生命中的主要目标对象成为一种你为之痴迷的东西。在白天的每一个空闲时刻都要想一想它，不要在没有做任何事情的情况下虚度一天。无论多么小的进展，都会让你更接近目标的实现。仅仅重复念出你的主要目标是不够的，你需要通过采取行动。行动，行动和更多的行动支持你的言论，否则你会在余生中一直口头重复，而没有任何实际进展。生活中重要的是做事，而不是认识。

如果你没有充分实现主要目标所需的适当工具、运营资金或者人员配置，无论如何都要去工作，就在你现在站立的地方。当你学习到了那些东西时，令人感到惊讶的是，更好的工具会通过你可能根本无法理解的神秘方式出现在你的手中。

记住，没有人完全准备好去承担任何事情。总是缺点什么东西，要不就是时间点不太对。成功的人不会等待时间，他们不会等到完全正确的时候才开始启动任务。他们会从任何地方开始，当他们到达某个时刻的时候，他们会采取他们自己的路径，从不关注在他们这条路径周围那些已经超出视野范围的潜在障碍。那些在开始之前等待万事俱备的人很少能获得成功，因为在任何计划开始时很少有完整的必要条件。

迪斯雷利（Disraeli），也许是英国有史以来最伟大的总理。在他摧毁强大敌人并获得胜利之后，被问及成功的秘诀时，他回答："成功的秘诀就是坚持目标。"

结束本章中所讨论的内容时，再次向你强调：明确的目标。

第二章

智囊团原则

在你阅读本章之前，你应该知道，在每一个行业中，智囊团原则是所有个人能力施展的基础，且占有非常重要的分量。通过对500多位杰出企业家与工业家的分析，这一原则被认为是他们成功的基础。

"智囊团原则"（Master Mind Principle）可能是这一哲学原理中最重要的原则，因为正如卡耐基先生阐述的那样，它让人们可以以此来借用他人的教育经历，还有他们的经验阅历以及影响力。通过这一原则的应用，托马斯·A.爱迪生的残疾使他连小学教育都没能完成，但他最终却成为美国最伟大的发明家。亨利·福特用这个原则发展扩张了他在整个美国以及世界其他地区的工业帝国。

安德鲁·卡耐基说，如果他被迫冒着失败的风险，只选择其中一项成功法则的话，那么他会选择"智囊团原则"。仔细分析许多成功者的经历，对他们的记载通常清楚地表明他们的成就主要基于成功原则中的两个，即"智囊团原则"和"明确的目标"。通过第一章所述，任何人都很难在没有确定目标的情况下超越平庸。但是，选定一个目标的人可能只有在智囊团原则的帮助下才能通过使用其他人的智慧来实现它。

我们将这一原则定义为"一个为达到某个明确目标的，由两人或多人组成的思维联盟，完美地以和谐的精神协调共事并共同努力"。在我将这一章节的课程交给卡耐基先生之前，请理解一下这个定义，它可以帮助你分析与理解他对智囊团原则的阐述。

根据这个定义来看，很明显，一个为实现某些特殊目的而协调工作的思维矩阵可能由两个人组成；或者，根据需要完成的任务目标的性质，它也可能由任何需要的人数组成。

观察一下这里对"和谐"一词的强调，当你读到卡耐基先生在这个问题上所阐述的观点时，其原因将变得非常清晰。我现在带你去参观这位伟大的钢铁大师的私人研究。你可以坐在那里，听他讲述在他惊人的成就背后那些值得赞美的做事原则。

卡耐基：目标的确定性是成功法则中的第一条。这些原则中的第二条是智囊团原则。没有人可以不首先决定好他想要的东西就得到成功。但仅仅选择生活中的主要目标本身并不足以确保成功。在实现一个人的主要目标时，如果这个目标高于平庸的水平，就必须通过他人的帮助以及他人的教育和经验阅历的辅助。而且，必须与自己的智囊团联盟成员紧密联系起来，你才可以用和谐的精神从他们的大脑中获得全部优势！智囊团联盟每个成员心中的和谐状态和共同目标是极其重要的一点，忽视它使许多人失去了在商业上取得成功的机会。

一个人可能会聚集一群他似乎有过合作的人，也许表面上他拥有和这个人的联系，但是，重要的不是表面上看起来如何，重要的是该联盟中每个成员的"心态"。在任何联盟成为一个智囊团之前，这个联盟中的每个人都必须全心全意地对联盟的目标有着同理心，并且他必须与他的领导者和其他所有成员完全和谐地相处。

希尔：我理解你的观点，卡耐基先生，但我不懂一个人怎样才能够确保在智囊团联盟中引导他的同伴与他完全和谐地共事。你能解释一下这如何实现吗？

卡耐基：嗯，我可以准确地告诉你怎么做才能建立和维持和谐的关系。请记住，一个人所做的一切都是出于他这个行为原始的明确动机。我们都是具有习惯性和动机性这两种特性的动物。我们开始时出于动机而做事，因为动机和习惯而继续做这件事；但也有可能出现"动机被遗忘"的情况，并且由于习惯而继续遗忘已经被遗忘了的动机。人们在做一件事的时候通常只有 9 个主要动机。下面我会一一进行描述，你会亲自感受人们如何受到影响，以和谐的精神与他人合作。在刚刚组建一个智囊团联盟的时候，领导者必须首先选择他的联盟成员：第一，有能力完成他们该做的事的人；第二，当一些特殊的因素起作用时，能够以和谐精神做出回应的人。

九大动机

以下是九大动机。将它们进行一些组合，可以创造出我们一切行为背后的"行动精神"：

1. 爱的情感（一个人的精神力量，区别于动物）；

2. 性的情感（纯粹的生物属性，但当它转化时可以作为一种行动上刺激）；

3. 对财务收益的渴望；

4. 对自我保护的渴望；

5. 对身体与心灵自由的渴望；

6. 对名誉或外界认可的渴望；

7. 对死后生命永存的渴望；

8. 愤怒的情绪（通常被表达为羡慕或嫉妒）；

9. 恐惧的情绪；

最后两个动机是负面的情绪，但作为行动的兴奋剂效果非常强大。

现在你知道了任何大脑中都会有的九大动机！

在成功地维持一个智囊团联盟过程中，组建联盟的领导者必须依靠这些基本动机中的一个或多个来促使他的团队中的每个成员进行获得成功所必需的和谐合作。

在商业联盟中，对于男性而言，效果最强烈的两个动机是性的情感和对财务收益的渴望。大多数男人对金钱的渴望远远超过其他任何东西，但他们经常希望通过金钱来取悦的对象是他们选择的女人。所以在这种情况下，激励力量是来自三方面的：爱、性和财务收益。

然而，有一种类型的人不是为了物质或经济利益，他们会更加努力地追求获得认可。在实现高度建设性的目标时，这种类型的人可能变得非常强大，他们会使用足够的自我控制来确保和谐。

希尔：卡耐基先生，那么从你说的话看来，一个人如果需要成功地组织、建立起一个智囊团联盟，他必须非常会看人。你能解释一下你如何成功地选择智囊团小组中的成员吗？你在选择这些人的时候是根据目测他们，还是通过试错法来取代那些被证明不适合的人选呢？

卡耐基：没有人能够通过"目测"来准确判断其他人。有一些表面上的东西也许会暗示一个人的能力，但是使一个人成为一个智囊团联盟成员最重要的决定因素是另外一种东西，并且不幸的是，它不是表面上能看得出来的。这个因素是他对自己和共事者的"心态"。如果他的态度是消极的，并且他在与他人的关系中常常是自私的、自负的或负面的，那么他就不会适合加入智囊团联盟。此外，如果允许这样一个人继续作为一个智囊团联盟的成员，他可能会对其他成员产生影响，变成阻碍，以至他将破坏其他成员的优势，就像他破坏掉自己本身的优势一样。

几年前，在我们自己的智囊团小组中发生过一件事，这件事可以说明我的意思。我们的首席化学家去世了，我们不得不找一个人来填补他的位置。我们尝试了使用助理，但他缺乏所需的工作经验，所以我们不得不寻找一位年长且经验更丰富的人。我们终于在欧洲找到了一个人，他的履历使他看起来像是我们想要的人，但当我们与他谈判时，我们发现他不想离开欧洲。为了获得这个人的服务，我们有必要提供一些东西回应他的需求，因此我们向他支付了比我们的前任首席化学家高很多的工资。除此之外，他要求签订一份为期 5 年的合同。他得到了他所要求的东西。我们安排他开始工作。很快地，了解到他是一个顽固、脾气暴躁的家伙，他不能也不会和其他成员一起和谐地工作。我们试图改变他的心态，但没有成功。因此，在他与我们合作的第 6 个月结束时，我们不得不摆脱他，为此我们支付了他整整 5 年合同期内的相应费用，然后他回家了。这种经历的代价是高昂的，但如果我们把他作为一种破坏性的力量继续留在我们的智囊团小组中，那么现在我们所付出的代价与那时候我们付出的代价将是无法相提并论的。

我们的下一任首席化学家受雇时有一年的试用期，在他开始工作之前我们再三强调"和谐"是我们的关键词。

众所周知，当一个人的心理态度是负面的，如果他处于权威地位，就会将他的影响力投射到整个组织中，从而改变其他成员的心理态度，使他们感到不满意，影响他们并会导致所有人工作效率低下。

爱默生（Emerson）曾经说过"每个组织都是一个人延长的影子"。成功的人要谨慎关注他们所投射出的"扩展阴影"。我在此略微改变一下爱默生的陈述，"每个企业都是其管理者的延伸阴影"。今天对于人型组织机构而言，一个人的力量不可能影响像美国钢铁公司（United States Steel Corporation）这样大型的工业企业。更正确的说法是，整个公司是引领它的那个智囊团的扩展阴影。在这种情况下，智囊团整体不仅仅是一个独立的思想，而是以和谐的精神共同努力，一起达到一个明确的目标。

我们的普通员工在展示了他们的能力之后会进入我们的智囊团小组中，还有一些成员是通过试错法从外部选出来的。在大多数情况下，那些来自外部的人已经在其他一些领域或他们的职业生涯中证实了自己的能力，他们的成就足以引起我们的注意。我们智囊团小组中一些最有能力的人从最底层开始，经历过我们行业许多不同部门的工作。这些人懂得和谐共事与共同努力的价值，这也是他们将自己提升到高位的秘诀之一。无论一个人的职业是什么，能够胜任任何工作方法的人，加上他对共事者的正确心态，通常来说这个人都可以走到阶梯的顶端。工作效率和正确的心态都非常重要。我希望你在个人成就哲学的介绍中强调这一点。

希尔：那个将一群人组织成一个智囊团联盟的人是怎么样的呢？在他成功领导该领域的其他人之前，他是否有必要首先成为他所在领域的佼佼者呢？

卡耐基：这么说吧，这应该是给你的最佳答案：我个人对钢铁制造技术和营销其实知之甚少，我不具备这方面的专业知识。是智囊团原则的帮助，我让自己处在一个圈子里面，这个圈子不只是人，而是涵盖了这些人受过的教育，还有他们的个人经验阅历，以及他们的自身能力。这些东西加起来给我带来了所有迄今为止关于钢铁制造和营销的全部有用信息。我的工作是让这些人受到启发与激励，让他们希望做最好的工作。我的灵感可以很容易地追溯到那9大人类基本动机上，尤其是对财务收益的渴望的那条动机。我有一个补偿制度，允许我的智囊团小组中每个成员都给自己设定一个经济奖励，另外我们的系统安排了每个人的最高工资，每个人必须通过确凿的证据证实他的确超额完成了盈利绩效，才可以获得超过系统最高工资的那部分奖励。

这个体系鼓励每个人的主观能动性，鼓励他们的想象力和做事的热情，并引导每个人持续性地发展自我与不断成长。根据这个制度，我在一年内向查尔斯·施瓦布（Charlie Schwab，嘉信理财［Charles Schwab］创始人。嘉信理财是一家总部设在旧金山的金融服务公司，成立于1971年，如今已成为美国个人金融服务市场的领导者。）这样的人支付了100万美元的额外奖金。也正是这个系统激发了施瓦布发挥自己的主观能动性，使他成为美国钢铁公司主要的前进带头人。除了他的主观能动性，他还发挥了领导者的作用。

请记住，我生活中的主要目标是对人的拓展——而不仅仅是金钱的积累。我所得到的金钱其实也是一种奖励，奖励我对那些人才提供过的奖励。

我知道有些人指责我痴迷于金钱，但这样看待我的人其实对我的主要目标一无所知。其实我的主要目标的本质是，我会在不伤害其他人的情况下尽可能快地把钱拿走。而且我的财富积累中有更多的部分是我通过拓展人的能力时所获得的那些知识。我将每个有才华的人的努力，以实践个人成就哲学的形式展示给世界。这是将财富公平地、永久地进行分配的唯一方式，因为真正的财富是心灵的产物，真正的财富是可以吸引各种物质的一种能量。

希尔：你说，所有的成功在很大比例上都是理解智囊团原则并且将这个原则进行应用的结果。卡耐基先生，这条规则难道就没有例外吗？如果不使用智囊团原则，一个人难道就不能成为伟大的艺术家、伟大的牧师或成功的推销员吗？

卡耐基：这个问题的答案，就是你说的，不能！一个人没有直接应用智囊团原则的话可能会成为一个艺术家或一个牧师，或者推销员，但如果没有这个原则的帮助，他就无法在他自己身处的领域中变得伟大。某种不可思议的天意如此安排了这个机制。在这个世界上，单一的思想绝对不可能是完整的。思想的丰富性，还有考虑事情的周全性都是来自两个或多个思想，它们和谐联盟才可以共同实现某个明确的目标。

例如，赐予这个国家自由与民主思想的是一个联合的思想，这个思想源于签署《独立宣言》的56个人的共同态度。"智囊团思维"的背后是目标的确定性，也就是我们今天所熟知的美国的自由与民主精神。

无论一个人多么伟大，没有人可以通过一个人单独的思想为这个国家带来愿景、倡议和民众的信赖。

有一个人的工业，也有一个人的企业，但他们并不伟大。有些人向来在生活中喜欢独来独往，从没有与其他人结盟，他们平和，但他们并不伟大。他们可能有自己的成就，但他们的成就不会重如泰山。

请记住，你被赋予了向世界完整地提供个人成就哲学的责任，因此你必须在这套哲学理论中写出那些使一个人能够超越平庸的因素。这些因素中最重要的是理解"智囊团"的概念。一个人将他自己的思想力量与其他人的融合在一起后可以获得的力量是伟大的，借此他可以使自己充分受益于无法体验的无形力量。

你到窗台这边来，我会告诉你，在铁路那边的院子里就有一个运输行业里很好的智囊团原则的例子。你看见没，那边有一列货运列车已经准备好可以运行了。这列火车将由一群人负责，他们互相配合着协调他们各自的工作。列车长是列车员们的领导者，他可以指挥火车到达目的地，是因为所有其他列车员都认可他并且尊重他的权威，大家以和谐的精神执行列车长下达的指示。如果工程师忽视或拒绝服从指挥的信号，你认为该列车会发生什么？

希尔： 那会发生让整列车所有人丧命的事故。

卡耐基： 没错，完全正确！保证安全顺利抵达目的地对于火车的运营管理至关重要，那么，成功经营企业需要应用相同的智囊团原则。当负责经营业务的人之间缺乏和谐时，破产法庭就在不远处了。你能感受到和谐运作的重要性吗？我希望你理解它，因为它是涉及现代人类生活中的每个领域的所有成功秘诀的核心。

希尔： 我理解智囊团原则，卡耐基先生。不过我没想到它是你在钢铁行业取得如此成就的唯一来源，看来这是你财富的基础。

卡耐基： 哦不！它不是唯一来源。应该这么说，其他原则已经融进了我的资金积累习惯中，是所有这些原则一起帮助我建立了这个钢铁企业，但其他原则的重要性远不如智囊团原则。我认为第二重要的原则是目标的确定性。这两个原则相结合，一起打造了这个成功的产业。没有这些原则的话，行业本身是不可能自动成功的。

你再看看那些车场里的流浪汉，他们是一群活生生的没有履行这两条原则的例子。不仅如此，他们还没有目标，也不懂得协调努力。如果那些人会集思广益，选择一个明确的目标，并采取明确的计划来实现他们的目标，他们很可能是运行货运列车的列车员，而不至于变成你眼前的这群不幸的、贫困的、无家可归的流浪汉。你明白我的意思吗？

希尔： 我明白了，卡耐基先生。当你向我描述这些人时我在想一个问题，为什么没有人告诉他们这些成功的原则呢？为什么他们没有像你一样发现智囊团原则的力量呢？

卡耐基： 我没有发现智囊团原则。我挪用了它，我从《圣经》中直接拿出来的。

希尔： 从《圣经》中？卡耐基先生，为什么我从来没听说过《圣经》教导了人们成就哲学。你是在《圣经》的哪个部分找到了智囊团原则的呢？

卡耐基： 在《新约》里基督和他的十二门徒的故事中我找到了它。当然，你一定还记得这个故事。据我所知，基督是历史上第一个明确使用智囊团原则的人。你回忆一下基督在被钉上十字架之后不同寻常的能力。根据我的理论，基督的能力源于他与上帝的关系，而门徒们的力量则源于他们与基督的和谐联盟关系。我相信当基督向他的追随者说他们可以一起做更多的事情时，他说出了一个伟大的真理，因为他发现两个或更多的思想以和谐的精神融合在一起，并且共同有一个明确的结局——一个属于上帝的博爱的心灵，那么这个力量将变得更大。我请你注意加略人犹大与出卖基督时所发生的事。打破和谐的纽带造成了生命中最大的灾难。所以从实际应用的角度可以说，当和谐的纽带被打破，无论出于什么原因，无论是在经营企业的智囊团的成员中还是在家庭成员之间发生，都意味着毁灭即将来临！

如果现在要求你用一句话陈述你生命中的主要目标，你会说什么呢？

希尔：卡耐基先生，除了运用在商业关系中，智囊团原则能否带来实际利益？

卡耐基：哦，当然了！这个原则可以与你需要的任何形式的人际关系联系起来。比如在家庭中，观察一个男人和他的妻子以及其他家庭成员在将他们的心灵和思想融合在一起，并为整个家庭的共同利益而努力时会发生什么。在这里，你会找到幸福快乐、满足感和财务安全。那些忽视和谐共处的人则会吸引贫穷和苦难。

你一定经常听说一个男人的妻子的言行可以让这个男人成功，或者失败！

嗯，这是真的，我现在会告诉你原因。一个男人和一个女人在婚姻中的联盟创造了已知形式中最完美的智囊团联盟，联盟中融入爱、同理心的理解、一致的目的和完全的和谐。你可能会发现女人的影响力是几乎所有杰出的成功人士生活中的主要动力，这方面的例证可以很轻松地找到。但是，误解和分歧出现在一个男人和他的妻子建立的联盟中时，他将很难使用他的意志力。一个男人的妻子可能会成就他，或者摧毁他，因为她与他的思想在他们的婚姻关系中紧密无间地融合在一起，以至于她的美德成为他的美德，她的缺点就变成他的缺点。

如果妻子以一种同理心的理解、和谐的精神，通过与丈夫的思想相结合，致力于增强她自己的思想力量。这是一个非常幸运的情况——这种类型的妻子永远不会"摧毁"任何男人，她很有可能会帮助他达到更高的成就。

希尔：如果我理解正确的话，卡耐基先生，简单来说正确运用智囊团原则可以让一个人受益于其他人的教育和经验，以及更多其他的东西，智囊团还会帮助这个人联系和使用对他有用的来自别人的精神力量。对吗？

卡耐基：没错，这正是我对它的理解。一位伟大的心理学家曾经说过，只有当两个思想孕育出第三个思想——一种远超过前面两个思想的无形产物时，那两个思想的连接才是有意义的。这三个思想是否会对两个相互接触的思想中的一个或两个产生促进作用或是阻碍作用，完全取决于每个人的心态。如果两种思想的态度是和谐的，相互具备同理心和相互合作，那么由此所产生的第三种思想可能对二者都有益。如果具有联系思想的态度是对立的或有争议的，那么它们接触所产生的第三种思想对二者都是有害的。

你知道，智囊团原则不是人类制定的原则。它是伟大的自然法则的一部分。引力将恒星和行星固定在它们的位置。智囊团法则与引力定律一样，在其运作的每个阶段都是明确的，按照规律进行的。

我们可能无法影响或改变这项定理，但我们可以学习它、理解它并以适合我们的方式让我们自己去适应它，无论我们是谁或我们的使命是什么。

我的两个旧相识发现了智囊团原则的实际用途。他们都是非常谦逊的人，其中一个失明，另一个人因为腿疾失去了双腿的使用功能。有一天，这两个人见面并开始互相讲述他们的残疾。那个盲人说他曾有一段非常难熬的日子，人们踩他的脚趾，汽车"嗖嗖"地从他面前飞驰而过。"你对我的情况一无所知，"腿部残疾的那个人说，"我虽然可以看到汽车，但是我不能够赶紧跑开呀！"这时，他脸上露出一丝笑容。盲人大声说他有一个可能对两个人都有帮助的想法。"我有一双能走的腿，"他说，"而你有一双能看得见的眼睛。现在，你爬上我的背，用你的眼睛，而我会用腿，我们一起，我们会走得更快，也更安全。"

用比喻的说法来讲，每个人都有点失明或跛足，因此人们需要某些形式的合作。在我的业务运营中，我需要大量的人员的教育背景和经验，他们了解制造和销售钢铁的技术。在将所有成功背后的原因与失败背后的原因整合后，最终组织并融合到一个全新的个人成就哲学的工作实践中。你需要与数百名在其工作领域努力奋斗并取得成功的人以及成千上万的尝试过失败的人合作。由于你的承诺的性质，你需要在很长一段时间内理解并应用智囊团原则。没有这个原则的帮助，你就无法完成你正在开展的工作，因为没有一个人可以告诉你成功和失败的所有可能的原因。

希尔：那么，卡耐基先生，根据你对智囊团原则的分析，我可不可以这样理解：那些被剥夺了早期教育的人不必因此而限制他们的抱负，因为他们可以利用其他人受过的教育实现他们想要做的事，这个方法既可行又实际。另外，我从你的话中理解到的另一点是，没有人可以获得足够多的教育，以至他可以单枪匹马地，在无须其他人帮助的情况下就取得引人注目的成功。我的理解对吗？

卡耐基：你的两个理解都是正确的。缺乏学校教育不是失败的借口，同样，接受过完整的系统教育也不能作为成功的保证。有人曾说过"知识就是力量"，但他只说了一半真相，因为知识只是潜在的力量。只有在组织与表达清晰，且为之付出明确的行动的情况下，它才有可能成为一种力量！许多年轻人因为在大学毕业时根据他们对所学科目的了解假设出他们一定会获得一份好工作，而这个假设最终对他们造成了巨大的伤害。拥有丰富的知识储备和接受了专业的教育之间存在很大差异。如果你查查 educate（教育）这个词的拉丁词根，这种差异就会变得明显。educate 这个词来自拉丁语"educare"，意思是指"发展。从内部发展，通过使用来发展"。它并不意味着获取知识和存储知识！

成功就是在不侵犯他人权利的情况下获得生活中任何愿望的power（力）。注意我使用了 power 这个词！有力量的不是知识，而是善用其他人的知识和经验从而达到某种明确目的的能力，这才是力量。而且，这个力量可以创造出利益最大化的力量。

为了利用其他人的思想而运用智囊团原则的人，通常首先要完全掌控自己的思想力量！我想强调一个人消除"自我设限"的重要性，这种限制是大多数人在自己的思想中设定的。

我们有幸拥有各种丰富的财富资源，每个人都可以自由选择自己的职业，以自己的方式度过自己的生活。任何人都没有理由为他的成就设置限制，任何人也没有理由获得少于他个人所需要或要求的物质财产。

拥有个人的主观能动性、想象力和目标的明确性的人会得到他为实现自己的成功理念所需要的物质上的帮助。一个人可能出生在贫困的家庭中，但他不必在贫困的生活中度过。他可能是文盲，但他不必持续这种状态。但是，正如在这世界上的任何地方一样，没有多少机会会使那些疏忽或拒绝思想能力，且不将其用于个人进步中的人受益。

为了强调它的重要性，我要再说一遍，一个人即便完全掌握了自己的思想力量，但没有人可以不通过智囊团原则与其他人的思想相结合就达到一个明确的目标。

希尔：卡耐基先生，既然你委托我给世人整理一份个人成就哲学的实践手册，你可不可以一步一步地为我勾勒出一个完整的计划，并告诉我一个人应该如何在智囊团组织中实施这个计划？这个程序现在对我来说还是很模糊的，对于没有智囊团原则应用经验的人来说可能不是那么明白。

卡耐基：每个案例的程序都会略有不同，这取决于起初组建智囊团联盟的人的教育背景、经验阅历，还有他的性格和心态，以及他组织的目的，但在每种情况下都有一些基本要素需要遵守，我说一下其中最重要的基本原则：

（a）目标的明确性。所有有成就的人的出发点都是对自己想要的目标的清楚认知。在这里，应遵循第一章中的方法，执行方法说明中的每一个细节。

（b）为一个智囊团小组选择成员。根据智囊团原则，每个与自己结盟的人应该拥有与联盟的目标相同的目标，并且必须能够为实现该目标做出明确的贡献。该贡献可能包括成员的教育、阅历，或者通常情况下还包括使用他的公众关系，也就是我们常说的"熟人"。许多银行和其他公司在他们的智囊团联盟中增加了许多高价值的人，唯一的目的就是这些人可以向公司提供他们所带来的关系和公共影响力。

（c）动机。几乎任何人都没有权利不给予回报地就诱导他人担任他们的智囊团成员。智囊团潜在成员的动机可能是经济回报，也可能是某种其他形式的回报，但它必须是与这个人提供的服务具有同等价值或更高价值的东西。正如我所说的那样，在我自己的智囊团联盟中，我的小组成员之间充分和谐合作的动机是经济回报。对于我的联盟中那些有能力的人，我帮助他们赚取的钱远远超过他们通过任何独立于我的方法所赚取的钱。我可以毫不夸张地说，我的智囊团小组的每个成员在与我结盟后比他独立工作时更能实际应用他的个人能力，从而得到更高的收益。我不能过分强调这个事实，但要告诉你：不了解他联盟中的每个成员与他在结盟时的价值比例的人是注定要失败的。

（d）和谐。如果要保证成功，"完全和谐"必须是智囊团联盟的所有成员的首要事情。小组任何成员都不应该有"背地里"的不忠。联盟的每个成员都必须基于联盟共同目标的成功实现提供他自己的个人观点，他自己的进步愿望，以便使整个集体获得最大利益。在选择智囊团成员时，首先要考虑的问题就是这个人是否能够并且将为团体的利益而付出努力。任何无法做到这一点的成员，必须由能够并且将会这样做的人替换。在这一点上不能妥协。不幸的是，亲戚和亲密的私人朋友通常将属于他们的个人自我目标排在团体目标之上，那么他们就不适合成为你的智囊团成员。

（e）行动。一旦形成智囊团小组就必须行动并保持活跃。只有活跃，智囊团原则才能发挥作用。该小组必须在确定的时间内，为朝着明确的目标前进做一个明确的计划。犹豫不决，无所作为或者拖拖拉拉的行事方法都将破坏整个团队的实际进度。此外，有句老话说，防止骡子撂挑子的最好方法就是让它不停地干活，这样它就没有时间也没有意愿去蹬腿撂挑子，这对人来说也是一样的道理。我看到过销售公司死于庸碌无为，因为该组织的负责人允许他的员工来去自由，没有给他们规定明确的销售额。缺乏明确的预算和时间计划是所有以佣金为基础的销售人员的最大罪恶，例如人寿保险推销员。任何事业的成功都需要明确的、有条理的和持续性的工作落实！因为还没有发明什么来代替所有人工作的机器！没有行动起来的话，世界上没有哪个人可以只凭想象就能取得杰出的成功。

（f）领导力。不要以为仅仅是选择一群同意以和谐精神共同努力实现目标的人就足以确保他们努力后的成功。组织团队的领导者必须起到真正领导的作用。就工作而言，他应该是第一个到达工作地点、最后一个离开的人。而且，他应该通过做比他的同事们更多的工作来为他们树立正面的榜样。所有的"老板"中最伟大的就是让自己成为最不可或缺的那个人，而不是那个只有在做决定和选择计划时说最后一句话的人。每个领导者的座右铭都应该是"成为所有人的仆人"。

（g）心理态度。在智囊团联盟中，与其他人际关系一样，这个因素比其他所有因素都更能决定与他人合作的程度和性质，这也就是他自己的心态。我可以如实地说，在我与自己的智囊团联盟的关系中，我从来没有希望联盟中的哪个人不从联盟中获得个人利益，也从来没有不尝试通过我所拥有的所有资源，激发我的联盟中每个成员发展自己的最大潜力。我相信这种态度对于发展成像查尔斯·施瓦布这样年收入高达 100 万美元的人是最强大的激励因素。我本可以得到施瓦布提供的理财服务，而不必被迫为他的成绩支付如此高的奖金，但那样的话我会剥夺自己这种服务的好处，因为我会摧毁掉奖金渲染工作动机的好处。

地球上最美丽的景色之一，也是最鼓舞人心的景色之一，就是一群以和谐精神共同努力的人的身影，每个人只考虑他能够为这个集体的利益做些什么。正是这种精神给乔治·华盛顿那支衣衫褴褛、食不果腹的军队带来了几乎超人的力量，以及他们以少敌多的可能性。这些人不是为了自己的强大，而是为了共同的事业而战。无论何时，只要是雇主和他的雇员以这种互相帮助的精神共同努力，人们都会成为一个成功的组织。

运动训练的主要好处之一是它教导人们以和谐的精神进行团队合作！可惜的是，离开学校后，人们并不能总带着这种团队合作精神进入他们的工作岗位。我常常希望可以将我钢铁厂的所有工人组织成两支队伍，他们每天花一小时时间进行友好对抗，通过某种形式的运动来激发他们的团队合作精神。这将有助于他们克服不宽容、嫉妒和自私的心态，并加以改善，使他们的业务能力有所提升，这也会对工作内外的事情都有更好的帮助。在抵达目标过程中具有良好体育精神的人，生活通常不会那么沉重。因此，让体育精神成为每一项基于智囊团原则的事业的重要因素，让它从组织团体的人开始展开，其他人也将从他的榜样中获得体育精神。

（h）机密关系。根据智囊团原则，成员之间存在的关系应该是保密的。除非联盟的目标是执行某些公共服务，否则不应在成员之外讨论联盟的目标。有些人很喜欢在那些为个人成就而努力工作的人前面设置障碍。如果这种人不明白智囊团联盟的目标是什么，那么他就不会造成什么伤害。告诉全世界将要做的事情的最佳方法是向世界展示已经做过的事情。广告、新闻等有时具有很大的价值，但如果他们披露一个尚未实现的计划，则可能会造成很大的伤害。

不忘初心，有生之年你将看到自己实实在在拥有它回馈给你的一切。

我听说，每个伟大的人——每一个年代中都会有无数伟人——在他们的脑海里总有一些目标和计划，除了他自己和上帝之外，没有人知道。也许你可能并不渴望变得伟大，但如果你记住这句话并且在实现之前不要宣布你的目标和计划，你可能会获益匪浅。说"我已经完成了我的目标"往往比说"如果我什么时候能做到这样就好了"更令人满意。

令人惊讶的是，一些人的表达欲望非常旺盛，这在相当大的程度上扩散了他们生意上的重要商业秘密——无论听者是什么身份，员工经常披露他们雇主的重要商业秘密。自我表达的欲望是激励人们采取行动，但如果不谨慎使用，它就会成为一种危险的习惯。放纵自我表达欲望的最聪明的做法通常是向别人提问而不是回答他人的问题——这是一种可以充分发挥自我表达欲望，而不受伤害的方法。

希尔：卡耐基先生，你能说说在你看来美国最重要的智囊团联盟及其运作方式吗？

卡耐基：美国最重要的智囊团联盟是我们各州政府之间的联盟。联盟的核心在于它是自愿的，并且本着和谐的精神得到了公民的支持。各州之间联盟，互通有无，为每个人的工作和创业都创造了更多的机会。此外，它创造了必要的权力来保护其公民及其运作的制度，反对所有可能嫉妒我们或希望干涉我们权利的人。

我们的整个国家运转系统（包括我们的政府形式、我们的工业政策、我们的银行体系和人寿保险系统）的设计和维护都是支持私营企业的有利媒介，也是对每个个体主观能动性的鼓励。它的设计和维护方法提供了最简单、最有效率的媒介。并且这个系统保证了九大人类行为的基本动机的自由和不受干扰，鼓励了个体的努力。

可以修改、改变或改进，以满足不断变化的时代需求的智囊团原则，是一种可靠的模式。通过这种模式，希望采用智囊团原则的个人或公司会得到引导。当我们的智囊团联盟不能满足我们的需要时，无论如何，组建它的人都可以通过投票修宪的简单流程来改善它、优化它。

如果所有的雇主和雇员都根据类似于国家智囊团的方式来相互关联的话，那么他们之间就不会产生严重的误解。此外，雇主和雇员都将从他们的共同努力中获得更多的利益。并且应该有一个纯粹的民主关系作为雇主和雇员之间所有关系的基础，就像美国各州之间所依赖的纯粹民主关系一样。

我们国家管理的智囊团联盟的运作原则很简单。它由被称为行政机关、立法机关和司法机关的"三巨头"组成，所有成员都本着和谐的精神，直接回应公民的意愿。该系统用于管理各个州，以及管理整个联邦政府。该系统可以根据人民的意愿进行更改。管理该系统的公职人员极少数情况下可以提前退休。这个系统应该被监管着，以便为所有人带来最大可能的利益，并且没有任何特权。

希尔：卡耐基先生，你能说说美国现有的政府形式可以取得哪些进步吗？

卡耐基：我认为他们在政府形式上可能没有任何改进，但我可以说出一条他们基于现有管理政府的方法可以进行改进的东西，那就是通过一项要求所有合法公民参与投票的法律。选民在各地方选举以及全国选举中投票，未能进行投票的人会面临罚款。如果我们的政府形式不能继续为我们服务，那将是因为未投票者的疏忽。由于政府没能关注可靠的人的投票，我现在已经看到了公职权力的严重滥用了。这种忽视行为是对不诚实的人抓住政府缰绳的公开诉讼，正如一些人在缺乏个人利益和公民自豪感的纽约与芝加哥这样的城市所做的那样。

我能想到可以与我们选择公职人员的方法相关的另一项改进是搭建一个系统。通过这个系统，所有公职候选人的个人信用记录必须被全面公开，以便所有选民都可以判断候选人是否适合他参与竞选的公职职位。在我们目前的制度下，选民看到的与候选人的个人记录有关的唯一宣传是候选人自己发布的关于他们自己或他们的对手的宣传言论。这些主观的言论在大多数情况下都不能令人放心。可能有助于人们明智地选择公职人员的第三项改进是开展培训课程。通过这个课程，公立学校将教授人们如何选择最适合服务公民的候选人。

成功的商人不会在没有调查一个人的个人记录时就雇用他——雇主会研究他们所雇用的人的工作能力，并且也调查他的性格。在选择一个人担任公职时应遵循同样的程序。

希尔：你刚刚简单地提到了智囊团原则作为家庭成功运作的媒

介。卡耐基先生，你是否可以进一步说说这个问题，并解释一下这个原则如何应用于家庭管理呢？

卡耐基：我很高兴你能想到这一点。因为我的经验告诉我，男人的家庭关系对他的事业成就有着非常重要的影响。现在我想让你记住，我对这个主题的评论是一般情况下的，并不是所有情况下的指南。

婚姻中的联盟创造了一种深刻融入双方精神本质的关系。因此，婚姻为有效使用智囊团原则提供了所有人类联盟中最有利的形式。

在婚姻中，与所有其他关系一样，人们可以采取一些预防措施来确保智囊团原则的成功运作。这些"保障"中的一些重点如下：

伴侣的选择。成功的婚姻始于对伴侣的明智选择。让我通过一个明智的选择来解释我的意思。一个人做出选择时（或者他在考虑选择的时候），他应该通过与对方进行一系列非常坦诚和充分的前瞻性的谈话来衡量伴侣。双方谈论的话题至少包括婚姻关系的基本原则。

他应该告诉对方在未来的日子里他打算如何谋生，并且要非常确定她是否完全适合他，无论是他所选择的职业还是他做事时遵循的方式方法。当一个男人把自己售卖给自己选择的女人时，谈论爱情和生活的审美等方面都是非常好的。但是他不应该忘记婚姻有非常实际、非常平淡无奇的一面，婚姻的这一面在蜜月期开始降温的时候就会出现。因此，对一个男人来说，明智的做法是在它们到来之前预防婚姻的现实层面的冷酷，并与他未来的妻子达成互相理解的共识。

如果一个男人的妻子十分肯定他的职业，以及他的谋生方式，并且她对男方的这种肯定充满热情的话，那这对男方来说将是无价之宝；但如果她对婚姻伙伴的这一非常重要的基本点没有什么兴趣，也没什么了解的话，这种冷漠实际上已经破坏了在他们的婚姻中应用智囊团原则的可能性。如果一个男人的妻子对他的收入来源还不如对打桥牌感兴趣，那么这个男人就可以从别的地方寻找他的"智囊团合作伙伴"了。让男人们的妻子们记住这件事吧！如果一个女人真的很聪明，她会采纳这种建议，并通过自己的想象力将他们的关系带入很高的境界。

我观察过这样一些婚姻关系：男人们和他们的妻子从事同一职业或同一事业，并为达到共同目的而共同努力。每一个像这样的关系模式都让我感到很震撼。他们在职业中的紧密联系导致他们在社会交际中的密切关系，这又使得他们的剩余时间很少，因此也就没有机会对任何其他事情和任何其他人感兴趣了。

当男人和他的妻子有共同的收入来源时，还有另一个至关重要的优点，那就是这导致了对他们的家庭支出和个人支出的相互理解。当一个男人的妻子确切地知道他如何赚钱，以及他赚多少钱的时候，如果她是忠实的伴侣，她会调整她的家庭支出和自己的个人支出以配合他的收入，而且，她这样做的时候会感到很愉快。我听说过的不止一桩婚姻是因为妻子向丈夫提出他无法满足的经济要求而遇到瓶颈。我也听说过不止一个丈夫为了满足他挥霍无度的妻子而被迫做出不诚实的事情。

到目前为止，我一直在说的是还没有选择婚姻生活伴侣的男人。有人可能会问，"但已经结婚的男人呢？""如果他选择了一个对他的职业不感兴趣的妻子，或者他们之间不存在任何共同兴趣的话，他又能做什么？你有没有什么补救措施可以提供给这个男人？"

是的，对于大多数此类的情况都有补救办法。比如男方做出彻底的改变，其目的是引导他的妻子重新开始。这时可以为此建立一项计划，确保他们之间更密切地合作。为了最大限度地确保婚姻中双方的利益以及在有子女的家庭中他们子女的利益，只有极少数的婚姻是不需要更新优化夫妻关系计划的。

婚姻的成功要求双方都保持警惕和敏感，其目的是通过精心的规划避免误解，而影响到其他家庭成员。如果已婚夫妇每周可以腾出至少一小时的时间进行一次私下的"智囊团会议"，将会是非常有益的。在此期间，他们可以全面地了解家内家外的事情，还有他们关系中的每一个重要因素。 从事企业管理的人员保证同事之间的持续联系对于和谐合作至关重要。男人和他的妻子之间也是同样的道理。

其实，每个家庭都应该采用美国海军遵循的规则制度。美国海军规定无论是否有情况需要报告，海军舰队的每艘船每小时都必须与旗舰进行通信。保持联系非常重要！在管理一个家庭上，保持联系与美国海军的运作同样重要。一个男人和他的妻子在没有相互沟通的情况下，把大事小事都视为理所当然，这便是对彼此失去兴趣的开始。如果没有精心制订的计划，智囊团原则就无法在婚姻关系中得到成功应用。仅仅偶尔讨论婚姻中共同承担的事务是远远不够的，必须有一个确定的时间段留给智囊团成员相互沟通。婚姻计划中的这一部分应该得到充分尊重和认真执行。夫妇之间应当具有对对方相同的尊重，共同的目标，以及像商人在使用这项准则时所遵循的形式一样重要，要掌握事务管理的智囊团原则。

在婚姻中幸运的人的同伴会听从这个忠告，并在管理他们的联盟时充分利用它，因为他们肯定会在其中发现一种完美的婚姻关系，而这种关系永远无法通过外表的吸引力或性爱方面的情绪得到。

婚姻中良好的伙伴关系必须包括对家庭收入来源的理解和共同目标上的和谐。家庭收入应该被编入家庭预算系统中，以便这个家庭中的男人和他的妻子可以平等地获得收入。如果一个男人在妻子熟睡之后拿走她希望用于私人目的的钱，这个男人永远得不到他的女人全心全意的尊重，他的女人也不会对他起到像智囊团盟友一般的帮助。

婚姻中的伙伴关系还应该包括双方共同拥有的每一件物品的共同利益和共同所有权。认为自己的事业可以瞒着妻子蓬勃发展的男人，也永远不会在他的家庭事务中应用智囊团原则。当然，有些情况下，一个男人的妻子，由于对丈夫的工作缺乏兴趣，或者是出于易于烦躁的性情，也会迫使男人避免谈论自己工作上的事情。在这种情况下，唯一的补救办法就是让两个人的共同利益复兴，从而让他们再次团结起来，并以此引领他们的婚姻。说在这里，人们应该提高警惕，如果夫妻之间共同利益的复兴被拖延或被长期忽视的话，那么这项工作可能会变得很困难。

希尔：对了，卡耐基先生，你相信未来的美国可以向人们提供的机会和你所处的年代获得的机会一样多，对吗？

卡耐基：可远远不止！在美国未来的机会多到难以想象。我们注定会成为世界工业的中心。钢铁工业的发展将催生其他相关产业，家具和家用设备将由钢制成，它将以上千种方式代替木材；它将为摩天大楼的坚固结构提供保障；它将取代房屋建筑中的木材；它将用于建造坚不可摧的桥梁，横跨任何河流；它将使我们能够用汽车取代马匹和马车。你可别忘了，仅仅是汽车工业就会为数以千计的有远见的人创造机会。

并且不要忘记，美国生活方式的所有进步都将通过美国工业和金融领导人的智囊团联盟来实现。将需要数十亿美元的资本，这笔钱将来自美国公民的储蓄。而且我可以如实地说，智囊团思想将是一个复合的思维模式，它由数百万人的思想财富与金钱财富组成。这是最纯粹的民主形式！这种民主是指：公民的思想、公民的精神与公民的财物将被协调，并用在发展出千千万万个在不同领域的美国式机会中。

让这个真理成为美国全体公民的共同财产，我们不会听到对"华尔街资本家"和"利益剥夺"的抱怨。美国真正的资本家是那些在投资大型工业企业的人。

> **明确的目标在信念的支持下就是成功的发动机。**

希尔：卡耐基先生，你对"美国机遇"来源的描述富有戏剧性，很刺激。我之前从未听说过对美国精神五大基石的分析，我也从未理解这些基本原则是所有美国机遇的真正来源。不过我现在明白了。你是否可以重新分析一下智囊团原则，特别是它对于美国公民个人努力方面的实际应用呢？如果你愿意的话，我还希望请你描述一下作为一个个体，在为了自己的美国式机会的日常努力中应该如何灵活地运用这个伟大原则。

卡耐基：我回到前面所讲过的，再说说智囊团原则这个话题的重点部分。不过，正如我已经指出的那样，在一个人能够适当地利用这部分自由和财富之前，这个人首先必须知道我们有权将这个国家称为世界上最富有和最自由的国家。像所有其他权利和特权一样，美国公民可享有的特权使他们失去了权利。特权不会像春天里的蘑菇一样自己就长出来，你必须创立并且维护它们！美国联邦政府的创始人，通过他们的远见和智慧，为所有美国公民拥有自由和财富奠定了基础。但是，他们只奠定了基础。每个人，无论他在美国的哪个角落，都有责任和义务为维护这些特权贡献自己的那份力量。

我已经描述了一个个体利用智囊团原则的最重要的关系：婚姻关系。我现在将分析这个伟大的普适原则的一些其他方面的个人用法，因为它可以用于发展各种人际关系，有助于实现人生的主要目标。我希望每一位读者都可以认识到，只有通过一系列的步骤才能达到他的主要目的（以及他的人生最高目标），他的每一个想法，以及他参与其中的每一笔交易，他制订的每一个计划以及他所犯的每一个错误，都对他实现自己所选的目标起着至关重要的作用。如果仅仅停留在选择出生命中的一个明确的主要目标上，即使它被写出来并完全锁定在一个人的脑海中，也不能保证你能成功实现这一目标。一个人的主要目标必须得到支持，并通过不停歇的努力跟进着。这其中最重要的部分包括在维护与他人关系上的努力。只要这一点被深刻地印在一个人的脑海中，就不难理解一个人在选择同伴时需要多么谨慎，尤其是那些与他密切接触的人。

那么，在这里，对于那些生命中具有明确的主要目标的人来说，良好的人际关系必须在他实现自己选定的目标的过程中培养、组织和使用。下面说说具体的方法。

职业：除了婚姻关系之外，对于一个平日热衷工作的人来说，没有任何其他形式的关系能与他和工作共事者之间的关系一样重要。我们所有人都有可能会有这样一种习惯性的行为举止，那就是对日常工作中接触到的人直言不讳地表达自己，包括自己的心态、生活哲学、政治观点、经济倾向，以及其他的一些想法。这种举止的悲剧在于，直言不讳的人通常不是受到最多倾听的思想家，而且他经常被认为是一个性格最差的人！

最直言不讳的人通常没有他自己真正的明确目标。因此，他花时间和力气贬低这种有确定性目标的人。具有良好品格的人，他们确切地知道自己对生活的期望，通常会用智慧来进行自我规劝，而且他们很少浪费任何时间来试图劝说其他人。他们忙于自己的目标，不会浪费任何东西或时间给任何不为他们的利益做出贡献的人。

要知道，差不多任何一个在日常工作中可以接触到的圈子中，你都会遇到特别的人，有些人的影响力和与他们的合作可能会在未来对你有所帮助。在生活中具有明确目标的人，如果想证明自己的智慧，就要与那些本身就有实力实现自我目标的人建立亲密的友谊，而且他们能够并且愿意和你互惠互利。这样的人通常会巧妙地避开其他人，他会寻求与他认为比自己品格更高、知识和经验阅历更多的人建立亲密联盟。他不会忽视那些比他自己更高级别的人，他的目光会锁定在当他能够超越他们的那一刻！记住亚伯拉罕·林肯的话："我会学习和做好自我准备，有一天我的机会会到来。"

在生活中具有主要目标的人永远不会羡慕比他更高的人。他会研究他成功的方法，并适当地使用自己的知识。你可以把它作为一个合理的规律——花时间去找他老板缺点的人，自己永远不会成为一个成功的老板。

最伟大的士兵是能够接受并执行上级命令的人。那些不能或不会这样做的人永远不会成为军事行动中的成功领导者。职场工作中也是如此，如果他不能效仿做得比他好的人，本着和谐的精神与之合作，他将永远不会从他与那个人的关系中获益。在我的团队中，至少有 20 个人是从底层工作中升上来的，他们使自己变得比他们本来要求的更加富裕。虽然他们很清楚我有很多错误，但他们并没有找茬挑刺，他们所做的是利用与他们日常接触的每个人的经验来提升自己，包括和我的接触。

具有明确的主要目标的人会细细品味他在日常工作中接触到的每一个人，并且他会将每个人视为知识或影响力的可能来源，勇于自我提升。如果他聪明地环顾四周，他会发现他日常工作的地方实际上是一所学校。在这里他可以获得最全面的教育，习得经验。

"怎么才能最好地利用这种教育呢？"有些人会问。无动机则不可成事。人们会向其他人提供帮助，将他们的经验和知识给别人作为借鉴，因为他们已经有足够的动机去行动。相对于那些锱铢必较、性格无常、好斗易怒的伪君子，用友好合作的心态将自己与日常接触的同事联系起来的人更值得学习。一句谚语说得好：蜂蜜粘住的苍蝇比醋多。良言一句三冬暖，恶语伤人六月寒。当你希望向比你懂得更多的同事学习，并希望与之合作的时候，请谨记这句话。

教育：没有人曾完成过教育。明确的主要目标在生命中占有很大分量的人必须记住"学无止境"这4个字。他需要做一辈子的学生，他必须从各种可能的来源中学习——特别是那些可以从中获取与其主要目标相关的专业知识和经验来源。

公共图书馆是免费的。它为文明所知的每一个学科提供了大量有组织逻辑的知识。它以各种语言传达了人类所有知识的总和。成功的人会阅读书籍，了解有关他所选择的工作的有价值的信息，因为这些信息来自他从事行业的前辈。有人说，在一个人有能力善用前人经验总结出来的知识之前，他的知识储备甚至不及这个行业的小学生水平。

一个人的阅读计划应该像他的日常饮食一样精挑细选。因为知识也是食粮，没有这份食粮，他就无法在思想上成长。将所有阅读时间花在娱乐周刊和情趣杂志上的男人从未取得过伟大的成就。你可以把这个说法当作真理。同样的，对于那些制订日常阅读计划没有基于自己主要目标的人来说也是如此。随机阅读可能令人愉悦，但很少有助于一个人的职业发展。

然而，阅读不是一个人可用的唯一教育来源。在他的日常工作中仔细选择工作和社会关系，一个人可以通过平淡的谈话与给予他这种开放式教育的人结盟。一些商业和职业俱乐部就提供了一个巨大的教育利益互换共享的机会。在这里，人们可以带着自己明确的目标选择他想参加的俱乐部，以及他们在这些俱乐部中所建立的个人关系。通过这种方式也有许多人在实现其主要目标的过程中建立起了对他们有重大价值的商业关系和社会人际关系。

没有培养友谊的习惯，就不能成功地度过人生。与个人关系一起使用的"contact"（联系）一词是一个重要的词汇。如果一个人将拓展自己的"联系人"列表视为职责的一部分，那么他就会养成培养友谊的习惯。如果这个人善于推销自己，也许视野可及处无法得到友谊的成果，但当时机成熟，这些"熟人"则会十分乐意向他提供帮助。

教会活动：如果没有提及教会联盟的好处，任何个人成就哲学都不是完整的。我在这里并不打算提倡任何特定的宗教信仰，因为我认为的宗教信仰是个人的事情——那绝对是他自己个人生活的一部分，他应该独自形成他自己的宗教观念。但现在我在分析人们成功和失败的原因，我就要说说宗教信仰的事了。我要引起人们对教会联盟的高度关注，因为通过教会你可能获得诸多好处。我只关注纯粹的经济优势，以及通过教会关系可以获得的精神福利。

教会是满足和培养人的精神需求最理想的资源地之一，因为它在一个时间和环境下将人们聚集在一起，激发了在场所有人的共存精神。每个人都需要一些精神基础，通过这些基础，他可以与他的邻居产生关联。这样他们就可以相互理解，并基于友谊而交换意见，相互交流除了与金钱利益相关的所有想法。那个把自己关在自己的世界里，与外界很少接触的人，很快就会变得自私和狭隘。

除了这种观点之外，参与教会活动的习惯会让一个人能够与那些很有可能会促进他的业务的人产生交集，继而发展成更深入的友谊。一起去教会的人很快就会建立起相互信任的纽带，这可以在教会之外的商业和社会关系中为他们服务。

政治联盟：投身政治是每个美国公民的义务和特权——通过投出自己的选票让有价值的候选人担任公职。一个人如果参加某个党派，他所属的政党比他行使其投票权的问题重要得多。如果政治被不诚实的行为污染，就要责备那些掌控权力的人，因为是他们的纵容让那些不诚实、效率低下、不适合工作的人留在这里。除了投票的特权和随之而来的义务之外，人们不应忽视从热衷政治事务中获得的其他好处，比如通过"接触"以及与他人的结盟可能有助于实现一个人的主要目标。

在某些职业中，政治上的影响力是促进个人利益的一个非常重要的因素。商业人士和专业领域人士不应忽视通过积极的政治联盟促进其利益的可能性。虽然人们可能不在乎成为政治家，或成为公职的候选人，但基于选举义务，公职人员们与选民们建立起的联系所带来的政治资本可能会转化为对每个选民都有利的资产，从而也会提升他自己的职业高度。机敏的人会善用他的投票权，他懂得为了达到自己的主要目标要向每一个可能的方向都伸出触角，以期获得更多的得到帮助的机会。

社会联盟：这是几乎无垠的肥沃疆土，可以培育友好的"熟人关系"。特别适用于已婚男子，如果他的妻子懂得通过社交活动拓展人脉的艺术的话。如果他的职业要求他与众多的人交朋友，那么他的妻子可以将她的家庭和她的社交活动转变为她丈夫的无价资产。

大多数专业领域人士，其职业道德是禁止直接给自己做广告的，但有价值的社交对于他们是有用的，特别是如果他们有一个对社交活动有兴趣的妻子。一位成功的人寿保险代理人每年可以出售超过100万美元的保险，这是在他妻子的帮助下完成的，而他的妻子是杰出商人俱乐部的成员。这位妻子的角色很简单，她在家中和丈夫一起招待她在俱乐部结识的朋友们，友好的环境中大家就都互相认识了。

还有一位律师的妻子通过她的社交娱乐活动，结交富商们的妻子。她通过这些姐妹的友情帮助自己的丈夫拓展了在中西部城市的法律业务。这方面的例子简直是无穷无尽的。

与各行各业的人结成友好联盟的主要优势之一就是你可以组织起对你有用的"圆桌讨论"。如果一个人的熟人数量多而且分布在各行各业，他们便可以成为众多信息的宝贵来源，从而形成一种多样性的思想汇集。

我有时候观察聚在一起的一群人进行圆桌讨论，这种各抒己见的自由表达丰富了参与其中的所有人的思想。每个人都需要用新的思想来优化完善自己的想法和计划，只有通过与他们的想法不同的人进行坦率和诚实的讨论才能获得思想上的新营养。

牧师一遍又一遍地宣讲同一篇布道，而不是从其他人的思想中汲取新的想法，很快就会发现来教堂的人越来越少，慢慢地他面对的是空空的长凳。如果一个人想成为顶级作家并且继续保持这个崇高地位的话，他必须通过生活阅历和阅读量的不断增加来更新自己的知识储备，从而适应他人的思想和观念，不断进行新的创作。

一颗头脑如若保持聪明、机敏和灵活，就必须从其他人的仓库中不断地吸收营养。如果这种与时俱进的理念被忽略了，那么头脑和心灵就会萎缩，就像一只不使用的手臂一样。这符合自然法则。研究大自然的法则，你会发现每一种生物，从最小的昆虫到人类这种复杂的高等动物，只有通过不断的使用才能生长并保持健康。死了的东西毫无用处。圆桌讨论不仅增加了一个人知识的储备量，而且让他的思维横向拓宽，纵向深入。

无论他在上学期间积累了多少知识，在他完成学业的那天就停止学习的人将永远不会成为真正受过教育的人。生活本身就是一所伟大的学校，激发思想的一切都是教师。聪明人知道这一点。此外，聪明人通过与其他人交往，交换思想，然后发展自己的思想，并且使之成为日常生活的一部分。

因此，我们看到，智囊团原则具有无限的实际应用可能性。它是一种媒介，通过这种媒介，一个人可以用自己的知识和经验以及对其他思想的思考来补充自己心灵的力量。有一个人曾经恰如其分地表达过这样的想法："如果我用一笔钱换取你的一笔钱，双方都会犹豫到底值不值，但如果我用我的一个想法换你一个想法，我们每个人都一定会得到投资红利的。"没有任何形式的人际关系像人类交换思想那样有利可图，而且令人惊讶的是，人们也可以从最不起眼的人那里汲取到高超的想法。

我想讲个牧师的故事来说明我的意思。这位牧师最后是从教堂看门人那里受到启发的，并且通过这个启发实现了他的人生目标。牧师的名字叫罗素·康威尔，他的人生目标是建立一所他理想中的大学。可是他缺少必要的资金，这笔钱总数超过了100万美元。

有一天，罗素·康维尔牧师停下来与那位忙着除草的看门人聊天。康威尔随意地说，旁边教堂院子的草坪比他们自己院子里的草更油绿、更漂亮。当然，他的意思是对老看门人的轻微谴责。

看门人脸上露出一丝笑容，说道："篱笆另一边的草看起来更油绿，是因为我们习惯了这边的草地。"这句话在罗素·康威尔的脑海中种下了一粒种子——请注意，这句不经意的话只是一颗小小的种子——而这个想法衍生出了他生命中主要目标的解决方案。从那有哲理的语句中康维尔诞生了一个进行讲座的想法，并且举办了超过4000次。他称之为"钻石之地"的讲座的核心理念是：一个人不需要在远处寻找机会，机会就在脚下。他认识到了篱笆另一边的草并不比脚下的更油绿，而这件事让他明白了：另外一边的草坪更漂亮，那只不过是看上去如此罢了。

在罗素·康威尔的一生中，这段演讲为他带来了超过400万美元的收入。讲座内容以书籍的形式出版，并成为美国全国各地畅销多年的书。康威尔收入的这笔钱用于建立和维护美国最好的学校之一——天普大学（Temple University）。讲座所创立的想法不仅仅让康威尔成功建立了一所大学，它还影响了人们的思维，促使他们从当下寻找机会，丰富了成千上万人的思想。这个讲座今天阐述的哲学道理和当初看门人的想法是一样的。

记住这一点：每一个活跃的大脑都是潜在的灵感来源地，人们可以从中获得一个想法，或者仅仅是一个想法的种子，在需要解决问题的时候具有无比的价值。有时伟大的思想源于谦卑的人。但一般来说，美妙的想法通常来自那些之前你刻意建立并维护的智囊团的关系网中。在我自己的职业生涯中，最赚钱的那个想法是诞生在某一天下午。那次查尔斯·施瓦布来高尔夫球场找我。当我们打完第13洞时，查尔斯脸上带着一丝羞怯的笑容抬头看着我，然后说："队长啊，我在这个洞上赢你 3 分，但我刚刚想到了一个可以给你很多时间打高尔夫球的想法。"

我的好奇心促使我探究他说的这个想法到底是什么意思。他用一句简短的话解释给我，每一个字都值差不多 100 万美元。"将你所有的工厂合并为一家大公司，"他大声说道，"然后卖给华尔街。"

在比赛期间我们没有更多关于此事的后续说法，但那天晚上这句话一直在我的脑海里转来转去，我开始认真思考。在我睡觉之前，我把他的想法的种子转化为一个明确的计划。接下来的一周，我将查尔斯·施瓦布送回纽约，对一群华尔街银行家发表讲话，其中包括约翰·皮尔庞特·摩根（J. Pierpont Morgan）。我演讲的内容是美国钢铁公司的组织计划。通过这个计划，我巩固了我所有的钢铁行业利益，之后退休，得到的收益超过了任何一个人的生活需求。现在，让我强调一点：如果我没有鼓励创意性思维，可以说查尔斯·施瓦布的想法可能永远不会诞生，我也可能永远不会有机会享受到它的好处。这种鼓励是通过与我的智囊团小组成员之间密切而持续的关系得到的，其中包括施瓦布。

"关联"，请让我再说一遍，是一个非常重要的词！如果我们加上"和谐"这个词，那将会变得更重要。通过与其他人思想的和谐关系，一个人可以充分利用他的创造能力。忽视这个逻辑的人将会永远地承受自己的平庸。没有人可以聪明到不与其他人产生友好合作，否则他们无法将自己的影响投射到世界各地。请你用各种方式把这个逻辑消化掉，当作你的美国成就哲学，因为它足以为成千上万的人开辟成功的道路。不懂得"和谐关系"的人可能会连目标的树冠还没看到的时候就已经度过了一生。

太多的人在远处寻找成功，远离他们所在的地方，而且他们经常通过基于对"奇迹"和"运气"的信仰，用很复杂的计划来寻找它。正如罗素·康威尔在他著名的讲座中恰如其分的阐述：站在这边的人似乎认为篱笆另一边的草更油绿。"钻石之地"遥不可及。

我就在我的脚下找到了自己的"钻石之地"。目光穿过高炉的火焰，光芒如此炽热，以至我只能凭着自己的想法穿透它。我还记得开始向自己推销成为一个伟大的钢铁行业的领导者这个想法的第一天，我不想成为站在别人的"钻石之地"上留下一个小水坑的人。

起初这个想法不是很明确。那时候这个想法更像是一个愿望，而不是一个明确的目标。不久后，我开始把它带回到我的脑海里并鼓励它在那里定居。后来呢，这个想法开始驱使我，而不是我驾驭它。

那天，我开始认真地开垦我的"钻石之地"。我突然明白了一个明确的目标是如何快速找到一种将自身转化为物理维度等价物的方法。最重要的是一个人需要知道自己想要什么。接下来最重要的就是在你双脚站立的地方开始挖掘，无论你站在哪儿，无论你用什么工具挖，即使它们只是思想工具。相比于忠实地使用手头上现有的工具，人们总会获得其他更好的工具。了解智囊团原则并利用它的人，会比那些对这个原则一无所知的人更快地找到更好的工具。

我下面想说一说我最初是如何理解我所掌握的"智囊团原则"，还有在哪里实际应用这个原则的。这也许会引起一些读者的兴趣。

我给你讲讲这个故事，这样你就可以更好地理解怎样从"智囊团原则"中受益了。要知道，哪怕出席教会活动都是你的一个重要资源。当然，所有了解我的人都知道我从未为了将自己作为一个被模仿的榜样而强调我的宗教观点，或者参加教会活动，我已经把它作为我的常规生活的一部分了。我至少每7天就要读一本书或者听一场讲座或布道。在接受这些精神食粮的补给时，我会将所有关于物质事物的想法放在一边。

某个星期天的早晨，我听了一位牧师的布道。他生动地描述了如果基督生活在一个商业和工业主导公民主要利益的世界里，基督会做些什么。他以一种非常戏剧性的方式描述了一幅关于基督和他的十二门徒的画面。牧师把他们的生活背景设置在和我们一样的现代社会中，并形容他们是一个庞大工业的董事会，围坐在一起开会。他把现代语言放在基督和门徒的口中，描绘了一幅令人印象深刻的画面，还假设如果他们生活在像我们这样的工业时代，他们将如何管理一项商业活动。

我当时只是一个年轻的、不知名的工人，但那场布道在我心中植入了智囊团原则的种子。我开始思考它了。我开始和我的工友讨论这个问题，我的两个最亲密的同事意识到了其巨大的可能性。我们通过对钢铁行业实际层面的理解来实现这一理念。很快，我们就将我们的谈话精华梳理成了一个明确的主要目标。这时候，我们才意识到我们感受到了智囊团原则的力量。这一切的一切让我们为我的第一个工业企业获得了必要的运营资金。

这是一个充满玩世不恭和怀疑的世界，你发现很多人会告诉你他们不去教堂，因为传教士只知道谈论一个他们看不见、摸不着的世界，他们的想法是不切实际的，不适合在一个工作的世界中使用。在我们生活的这个世界中，一个人必须关注他胃口的需要，然后才能考虑灵魂的需求。但任何智者都不会被这种过于实际的观点误导。教堂是一个可以为思想之火找到燃料的地方。牧师有时可能会谈论未来的生活，而关于我们生活的这个世界也是如此。然而，实实在在的经历是我通过一位教会牧师在我脑海中植入的想法找到了摆脱贫困的方法。

不要误解我的意思，我没有说教会是唯一可以启发你如何解决你物质问题的地方，我也不打算传达这样一种"教会永远是灵感的最佳场所"的印象。但我确实想再次强调：通过掌握智囊团原则的运用，无论其来源如何，友好的人际交往对于心灵的发展和成长至关重要，而教会往往为这一原理的发展提供了有利的环境。

每个人都需要与其他人接触，以获得横向扩张和纵向深入的食物。越是有能力的人越是会非常谨慎地选择与他关系最密切的人，并且可以认识到与他联系紧密的每个人所具有的鲜明的确定的特质。我从来不会重视那种不会努力寻找比他懂得更多或更有影响力对象的人，因为一个人到底是上升到比他现在所处位置更高的水平还是退步到还不如现在的水平，都是由他选择的模仿对象决定的。

一个众所周知的事实是，我让自己身处在一个环境中，周围人对钢铁的制造和营销比我更了解。如果我没有这样做，我将永远不会被认为是钢铁行业的领先制造商。

希尔： 卡耐基先生，我仔细听了你的这些解释，但是有一件事你还没有解释过，而且这个问题一直都在困扰着我。我想知道的是一个人在选择比他更有能力和知识的人作为他的智囊团盟友时应遵循哪些规则呢？在我看来，具有更强能力的人不会轻易地与一个能力较差的人结盟。如何在建立智囊团联盟中克服这个障碍？

卡耐基： 我很高兴你提出这个问题。让我们注意九大基本动机，这些动机在所有人做或不做的事情中都充当了行动精神。由于他们期望从联盟中获得一些好处，因此一个人会与其他人结盟。

> 思想掌握在自己手中的人，几乎可以获得他想要的一切。

经常能看到的情况是，对许多专业领域相关的知识储备很少的人，在某一特定的道路上具有很大的实用价值的经验和知识。如果他能够证明他的想法是合理的，他们便可以赚取利润，那么他在说服他人与他一起改进和发展他的想法时就没有什么困难，尽管他的同事所具备的专业知识远远超过他自己。

以我自己的情况为例：我当时只是一个普通工人，但我构思了和钢铁制造与营销有关的某些想法，这些想法超前于该行业的惯用经营方法。我的想法的新颖性，加上我把它们售卖给别人的能力，给了我在与其他人联盟时的主导地位，他们愿意提供必要的运营资金来实现这些想法。

在大多数方面，这些人都是我的上级。在制造钢铁时，根据我的计划，我是他们的上司，他们也认可我。他们的专长是操纵和利用资本获取利润。我的专长是用改进的方法制造钢材。我们互相需要彼此。提供资本的人不能制造钢铁，但我可以向他们展示如何让成本比以前的更低。凭借我所需的必要运营资金，召集拥有钢铁制造所需技术能力的人，对于我来说就是一件简单的事了。在与我结盟的过程中，他们因为获得的经济利益而受到激励。他们非常需要我，因为他们所擅长的事情中不包含将他们的才能转化为金钱这个过程中所必需的销售能力。由于我拥有这种能力，他们心甘情愿地与我合作。

为了说明如何通过智囊团原则实际引导具有超强能力的人加入，我可以给你另一个典型的例子。在底特律市有一个名叫亨利·福特的男人。他上学的时间很少，而且他的性格也并不值得夸耀，但他创造了一个想法，并用这个想法吸引了技术支持和运作资本，使他的想法具有很大的商业价值。

众所周知，他的想法是研发一种被称为汽车的交通运输工具。

他花了很多时间推敲他的想法，并对其进行实验，直到他证明了它具有商业价值。他的下一步是吸引他的一个熟人提供少量运营资金，开始制造他的汽车。在他新组建的盟友团的帮助下，他引导道奇兄弟（Dodge brothers）和其他具有机械技术能力的人成为他的智囊团联盟的一部分。也许他的盟友在很多方面比亨利·福特有更多的能力，但这个想法是他的，他们给予他成为联盟中占据主导地位的特权。

这是一种常用的程序方法，通过这种方法，人类可以结交比自己拥有更多能力的盟友。在这背后永远存在着一种联盟的动机，其中最常见的动机是渴望获得经济利益。你现在就拭目以待亨利·福特的未来吧！他有一天会主宰美国的汽车工业。请你仔细地观察他，因为他是一个哲学家，也是一个有着良好机械制造理念的人，从他身上你可能会看到一个人是如何在美国从头开始，能够仅凭一个想法成功攀登成就的高峰。

虽然我们现在聊的主题是关于思想上的，但我想请你注意的是"思想统治世界"这个概念！它是令所有人的成就发芽的种子。一个有良好创意的人总能同时找到对的大脑和匹配的能力以及必要的资本，用于这个想法的发展和推广。

说到资本，请你记住，钱如果放在没有熟练使用资金的人手上的话，在任何业务中其实都没什么价值。任何企业的实际资本回报都包括以货币计量的实物资产，以及管理这些资产所需的大脑，并且后者更加重要。

　　把这张关于资本本质的勾勒图牢记在心，你就会更好地理解那些有良好创意的人能够在很多方面使很多比他们优秀的人围绕在自己身边，以便有力地实现他们的想法的这套体系。一个想法，无论是否合理，都可能是有价值的。没有得到金钱和商业开发支持的时候，想法的价值就会很少或者根本没有。一个人很少有能力创造符合商业逻辑的好想法，并拥有促进他的想法的必要资金。这是一个现实情况，这使得一个拥有良好商业理念的人能够相对容易地与一些具有超强资本能力但缺乏创造能力的人组成智囊团联盟。

　　有时候，那个有着好想法的人很难说服别人运用他的想法在商业上赚钱，特别是如果这个想法是100%全新的，或者从未被验证过的话，他通常可能会遇到冷漠和反对。比如我把最近发生的一件事当作例子，有助于说明我的意思。当莱特兄弟在制造一台可以飞行的机器时，他们创造了一个非常完整但又未经过尝试的新想法。世界上从未见过一架可以由人控制的在空中飞行的机器。没有先例可以遵循，莱特兄弟建造了这样一台机器，并且证明它是实用的。

　　起初，媒体非常怀疑这件事的真实性，他们没有花时间调查这件事。他们认为飞行器不实用，因为他们从未见过这样的机器，也从来没有听说过。如果莱特兄弟只是普通人，那么他们就会灰心丧气，在被世界接受之前就会放弃他们的想法。但他们不是普通人，他们是潜在的成功者。他们有一个明确的主要目标，并有勇气坚持他们的目标，直到它们实现为止。在智囊团原则的帮助下，他们必须吸引具有必要资本的人和具有必要技术能力的人以发展和完善他们的想法，直到他们让这个世界接受它。飞行器行业的时代即将到来，很快就会到来。那时候乘坐飞机旅行将像现在乘坐火车或汽车旅行一样普遍。

这就是所有人类进步的方式，从文明最初的曙光到今天都是如此。人类慢慢地、不情愿地接受新的想法！一个新生事物的诞生是需要被预告的。因此，请务必提醒正在学习智囊团概念的人们注意，在身处困境时一定不要犯那个常见的错误：放弃。

托马斯·A.爱迪生起初经历了一段非常艰苦的日子。唉，我现在还记得当他第一次宣布他已经做好了一个可以用电点亮的实用白炽灯泡时，世界是如何嘲笑他、蔑视他的。爱迪生经历了这样的过程，每个有新想法或改进新想法的人都会经历这种过程。但爱迪生是一个有着明确目标的人，他坚持自己的目标，经历了一万多次失败和失望后，勇气终于战胜了恐惧和怀疑。

希尔：我很喜欢你关于坚持的建议，卡耐基先生，因为在让全世界接受一种新的成就之前可能需要花很长很长时间。

卡耐基：是的，你需要坚持——比大多数事情所要求的坚持还要多，因为你首先需要坚持不懈地完成你在真正做之前必须做的工作，然后你还需要坚持不懈地努力，直到让世界接受你的劳动成果。这就是为什么我反复强调，你要仔细看这个人在得到世界的认可之前的经历。

你的成功或失败将在很大程度上——也许不是完全但至少是一部分——取决于你在没有得到世界认可的情况下继续前行的能力，直到你的工作获得认可。然而，确实还有一些动机的组合可以为你提供勇气和行动的精神力量，支撑你的坚持。

第一，你向世界赠送的第一个个人成就将为你带来更多的名声和公众认可。这种认可远超过任何人对于"得到认可"的渴望。

第二，你的胜利将为你带来比你需要的更多的经济回报。

第三，你通过工作为这个世界带来的服务带给你坚持后的幸福感，这种幸福感你在别的地方是无法得到的。请你记住这种幸福感，因为在你沮丧无助的时候，它们将帮助你消除妨碍你的每一个障碍。

如果你的工作做得好，你就可以活着看到你将自己的影响力投射到文明世界的各个角落的那一天。你的名字将出现在每个村庄、每个镇子和每个城市。你的作品将被翻译成各种语言，你对这个世界的贡献将超越文明所知的所有抽象哲学——柏拉图、爱默生和最近的哲学家们以及他们的思想学派，等等——比他们的建树更加实际和持久。请你记住这个观点并坚持下去，但不要让它牵制你！如果你开始变得把自己看得太重，或者觉得自己对于世界是不可或缺的，那么你就会过时。以谦卑的心态去做你的工作，在你心中永远谨记你只是一个在寻找生活知识与生命智慧的学生，这对那些既没有能力也没有决心寻求成就原则的人很有帮助。

只有在你可以帮助别人时你才是伟大的，永远不会因为你感觉自己伟大你就伟大。

在我继续之前，我会让你自由地接触到许多拥有杰出成就的人，你要跟他们聊天。如果你给这些人留下了过于重视自己的印象，或者你让他们认为你只是为了凸显你自己才去接触他们，他们就会像蛤蜊一样把自己封闭起来，你也就不会得到他们的合作。将真诚写在你的脸上和心里，再接近他们，他们会放下自己的工作，给你充分的好处。

我将把你送到长途电话的发明者亚历山大·格拉汉姆·贝尔博士（Dr. Alexander Graham Bell）那里去。还有埃尔默·R. 盖茨博士，他是一位伟大的美国科学家，一生都在研究人类思想的运作方式。我还会把你送到很多其他杰出人士那里。他们的整个人生的工作将成为一本有意义的开放书籍的内容。但只有你用真诚的证据证明你接近他们是努力为这个世界呈现出更好的个人成就哲学，否则你不会从这些人那里得到任何东西。

记住，只要有足够的理由，如果一个人在尚未被开发的领域中深究探索一样东西，他可以在合理范围内得到他所要求的几乎任何东西。但是，他如果只通过他的行为和言辞表明他正在寻求合作以获得纯粹的个人利益，他会发现世界冷漠无情。我希望你理解人类的这种特质。我把它说给你听不仅仅是为了作为你自己的指导，我还要求你通过成就哲学将它传递给同样需要它的其他人。

当一个人向社会证明他是为了大众的利益而不是自我推销时会发生什么？你去研究一下那些竞选公职的候选人。有些候选人因为当时的政治政策弊端愤然而起，并作为改革派候选人走向民众，向民众承诺他将牺牲自己的个人利益和时间改变社会。我能说出不止一个例子，这些竞选者最终都得到了绝大多数人的支持。

　　就在不久之前，在美国某大城市的一个地区，当地市长与一个黑社会组织结盟，犯罪笼罩了整个区，以至年轻人进入该城市的这一区域都担惊受怕。那些政客毫无作为。最后，一位牧师下决心要做点什么。尽管他在政治方面缺乏经验，但他将一位著名的商人推选为市长，然后进入了危险区域，他将神职外套脱掉，他血液沸腾地战斗并告诉人们，他会日日夜夜留在那里，直到不再有什么不清不楚的灰色交易，直到人们帮助他把正确的领导者推选到政府办公室。一夜又一夜，他站在一辆货车的平台上一再重复这些话："我请求你们的合作，不是为了我自己的利益，而是为了你的孩子以及你邻居的孩子们，他们应该享受来自长辈的正派榜样的好处。"

　　他的候选人得到了远远超越这个城市其他市长竞选人的票数，最终赢得了这个职位！这个故事所讲述的原则适用于所有人际关系中：全世界都会帮助那个忘我为他人的利益服务的人。如果我没有弄错的话，这就是那位不起眼的木匠的想法，他在2000年前为了改善别人的生活而奉献了他的服务和生命。他的影响力已经延续，直到现在仍是世人所知道的最大的影响力，而且他的思想在今天和他当时传道时一样完整。[①]

> 所有争议都存在三个方面：你方、对方和客观上正确的那方。

我不想向你布道，但我希望你注意一个由有史以来最伟大的哲学家赋予世界的简单的人际关系规则。我真诚地希望你不要忽视向世界传递我给你的这个哲学的建议。如果辉煌的时代不曾来到这个国家，或者任何其他国家，当人们变得冷漠，变得超现实，以至他们蔑视拿撒勒人[②]的哲学思想时，世界将会用一个糟糕的方式运转。此外，我想让你记住，正是这位卑微的木匠第一次向世界证明了智囊团原则的健全性。有些神学教派可能远离了拿撒勒人的原始教义，因此，商业世界有时可能有理由将宗教的现代应用视为在工业管理中不切实际的理念，但需要让世界记住，一些翻译错误或阐述有误的神学概念和神父的主观教导是两个独立而不同的事物。我从来没有把自己当作宗教的当代模范追随者，但我确实知道，从实际经验和商人的方法观察，无论好坏，上帝的哲学在今天和他起初教导世

---

① 耶稣，木匠之子。

② 拿撒勒人会，英语：Church of the Nazarene，或称"宣圣会"，是基督教福音派下的一个派系，出现于北美19世纪的圣洁运动中，其成员常被称为Nazarenes（拿撒勒人）。它是世界上最大的循道宗－圣洁教派。截至2014年9月末，该会在世界各地共计有2295106名会众、29395座教堂。

人时一样合理和适用。

正如卡耐基先生指出的那样，智囊团原则是一种实用的媒介，通过这种媒介，人们可以适当地利用其他人的教育、智慧和个人经验。因此，人们可以用这种媒介克服在实现自己的主要目标时必须面对的每一个障碍。

通过掌握智囊团原则，人们可以观测天空中的恒星，尽管他并不是天文学家。

通过掌握这一原则，人们可以看到并理解我们所居住的地球的结构，即使他并不是地质学家。

通过掌握这一原则，人们可能会见证大自然的美妙，一只蠕虫如何羽化成蝶，虽然他并不是一名生物学家。

通过掌握这一原则，人们可以了解药物和化学品的性质和用途，哪怕他不是化学家。

通过掌握这一原则，人们可以在没有亲自经历过每个时代的情况下知晓人类的历史。

所有这些可能性，以及其他更多的东西，都可供懂得如何应用这种普适原则的人使用。因此，它在个人成就哲学中占据第一重要的位置。

上述对卡耐基先生"智囊团"原则的解释及其在成就哲学中的作用的阐述，我没有任何自由发挥。在他的要求下，该哲学思想用贴切的词语尽可能准确地呈现出来。以下是我对智囊团原则的补充观察。

智囊团原则的使用建议：

以下是我给所有初学者在实际使用智囊团原则时的指导概述：

（a）出于所有实际层面的目的，学生可以假设有两种类型的智囊团联盟。首先，纯粹的个人类型联盟，包括亲戚、亲密的私人朋友、宗教顾问和社交熟人，可以与他们结盟以获得社交娱乐或教育的目的，而无意将联盟转化为物质或经济利益。其次，职业、商业或专业联盟，包括完全为金融、经济或专业进步而选择的利益联盟。和谐是这两个群体联盟成功的口号。请记住，在这两个类型的群体中，为了回报他们的同理心、忠诚、知识、经验和创造力，和谐与合作必须成为回馈给盟友相同的品质的主要考虑因素之一。

（b）选择最适合你需求的男性和女性作为你的智囊团联盟的成员。选择那些最有可能完全理解你的主要目标的人。保证你主要目标的核心牢牢地根植于你自己的思想中，以及根植于你选择的帮助你实现这个目标的人的思想中。如果你发现自己选择了任何不合适的联盟成员，请纠正这个不明智的选择并进行新的选择。

（c）六七个人通常是和谐合作的最有利范围。较大的范围有时会变得笨拙。对于纯粹的社会属性的联盟（不包括基于技术能力的商业企业），较少的成员数量就足够了。当然，数量也取决于联盟的性质和目的。

（d）智囊团联盟的成员彼此应始终保持密切沟通。他们应该有一个定期的会议时间，就像管理良好的业务董事会定期会面一样。但是，并非所有成员都必须出席每次会议。

（e）在智囊团联盟的正式会议上，应通过讨论，彻底分析实现主要目标或实现任何为了辅助实现主要目标的次要目标的方法和途径。所有成员都参与其中，并将代表联盟中所有个体的经验、知识、独创性、战略和想象力整合。但是，实施该小组制订的任何计划的实际行为是领导者的唯一责任。不要指望别人告诉你该做什么、何时做、在哪里做以及怎么做，然后继续代替你做！

（f）永远记住，一个由信仰支持的笃定的火焰般燃烧的欲望，是所有成功的开始，也是智囊团原则成功运作的核心。渴望——一种深刻存在的、被明确定义的欲望——是令你可以应用智囊团原则的起点。因此，让你生活中要实现的主要目标成为一种你为之感到饥渴的欲望！

（g）还要记住，一个人的精神态度是一种传染性的能量形式，它延伸并影响着一个智囊团联盟的每一个成员。因此，基于对实现主要目标的绝对信念，本着自力更生的精神进入你的智囊团课程。在这种被称为信念的心态面前，一个人的自我顾虑是不可妥协的。一旦它成为团队中每个人心灵的主导因素，那么看不见的力量就会将智囊团联盟的思想统一到一个灵魂中。信念与恐惧是智囊团联盟所创造的两个能量极点，一个代表正面极端，另一个代表负面极端。

信念是一位伟大的领导者，他的愿景永无止境；而恐惧创造了一个卑微、阿谀的追随者。

信念使人在交易中勇敢而光荣；而恐惧使人不诚实、不可靠、行为鬼祟。

信念使人不断寻找并期望找到人类最好的东西；而恐惧只发现了人的缺点和不足。

信念会通过一个人的眼神、面部表情，还有他的语气声调以及他的每一个行为明白无误地表现出来；恐惧也同样会通过相同的途径表明自己的存在。

信念以合作的精神吸引着人们；而恐惧排斥人们并使他们变得无声，面对提议无动于衷。

信念只吸引那些具有建设性和创造性的东西；而恐惧只会吸引具有破坏性的东西。无论你在哪里都请你观察、测试这个原理，它的确如此。

通过信念解决问题；通过恐惧制造问题。信念坚定的人将战胜受恐惧驱使的人，这个概率是每 100 人中有 99 次的胜算。受恐惧驱使的人，没有计划也没有目标就向前乱撞，而信仰只是跟随着明确的计划，朝着明确的目标前进。

信念与恐惧会同时开始通过现实中最实用和最自然的媒介来实现它们在物质世界中的目标。

信念成就一切；恐惧让人泪流满面。这个顺序永远不会逆转。

信念可以建造一座帝国大厦，建造巴拿马运河，或为一个国家提供安全保障；恐惧会否定所有努力，无论大小。

信念与恐惧永远不会成为兄弟。二者不能也不会同时占据心灵。其中一个一定会始终如一地占主导地位。

恐惧引发了毁灭性的战争和萧条；信念之至则可以再次驱逐他们。

信念可以将最卑微的人提升到可以召唤伟大成就的高度；恐惧则会使成就变得遥不可及。

马或狗可以知道它的主人何时害怕，并一定会反映出恐惧的行为。这证明了恐惧具有传染性。

信念是一种神秘的、不可抗拒的力量，科学家无法提炼它或理解它。人类的思想被赋予了精神力量。这是大自然的秘密炼金术。

信念与恐惧，有如水油不会相溶。

信念是一种心态，坚持它是每个人都拥有的特权。重要的是，决定任何一个人是否可以完全控制它的唯一因素仅仅是他的心态。

坚持信念时，人们消除了人类在自己心中一直被束缚着的大部分真实的想法和所有想象。但奇妙的是，从来没有人发现信仰的力量受到任何限制。

当一个人将他的希望、欲望和目标结合成一个获得成功的决心时，信念便开始占据他的心灵。

信念与正义形成了天然的亲和力；而恐惧则与不公正交织在一起。

信念是一种正常的心态；而恐惧是不自然的，是异常的。

无论大小，要想成功，每个企业都必须拥有一位能够并且确实激励所有人的领导者，激励每个人通过自己的服务发挥这种信念。

当你不再对目标和希望有信心时，你也就可以在你的笔记中写下"终"这个字了（finish，拉丁语，译为：终止，终结，结束）。无论你是谁，无论你的使命是什么，你都会经历这个挣扎的过程。

"我实实在告诉你们，假如你们将信念当作一粒种子，就要对整座山说，你们要往那边去，跨越艰苦。没有什么是不可能的。"

******

我在这里需要强调的是，卡耐基先生在上文中没有强调的智囊团原则的一个重要因素，即被称为信仰的心态。我之所以这样强调是因为经验曾无数次证明，通过圆桌会议，对任何问题进行友好讨论的习惯都有决心驱逐恐惧和鼓励信仰的倾向。大多数有杰出成就的人都发现了这个原理，并且他们已经有效地将其善加利用。

4 位杰出的美国工业领袖多年来都在使用这一原则，他们的名字是亨利·福特，托马斯·A. 爱迪生，哈维·塞缪尔·凡士通（Harvey Samuel Firestone）和自然学家约翰·巴勒斯（John Burroughs）。每年，他们都会放下各自的业务职责，一起离开工作的地方，去一些僻静的山区，在那里他们会进入一个智囊团，互相交换思想心得。当他们回来时，小组中的每个人都带回了自己的知识，以及从其他3个人那里获得的额外收获。据了解事实的人说，小组中的每个人从这种年度"朝圣"回来后都会带着一种新的、更加敏锐的精神面貌。

正如卡耐基先生指出的那样，没有一个单一的思想本身是完整的。通过与其他人的接触，所有真正伟大的思想才能得到加强。有时这种强化是在纯属"机会"的时刻发生的，没有哪个人完全了解这事儿是怎么发生的，但真正伟大的思想绝对是有意识地理解和使用智囊团原则的结果。这就是为什么真正伟大的思想是稀有的！智囊团原则并不是一个大众的常识性问题，而是安德鲁·卡耐基先生对这一事实的理解。他所有基于此原理的理解促使他向美国民众展示了他超越金钱财富的东西，并且将所有的成功学原理法则整理合并为个人成就的哲学。

无论你在哪里认识了成功人士，如果你有他们的生活记录你都会从他们身上观察到，他们的成功是由于通过某种形式应用智囊团原则的结果。

亚瑟·布里斯班（Arthur Brisbane）是一名新闻行业的从业者，

他没有什么出色的成绩。后来他与威廉·伦道夫·赫斯特（William Randolph Hearst）相识，成为赫斯特先生的私人顾问。这两个人之间的关系从此开始。他们之间的那种沉默，是一种被称为"信任"（Faith）的看不见的力量。而后布里斯班先生很快就通过自己的能力将自己提升到一个突出的位置，他的名字每天出现在赫斯特先生拥有的每份报纸上的头版专栏"今天"的位置上。布里斯班的人气一直在增长，直到他的名字出现在全国数百家报纸的头版上。他的财富也增长了很多！同样地，无论是在能力上还是物质财富方面威廉·伦道夫·赫斯特也在成长。这个联盟分别给这两个人都带来了巨大的好处。

后来，亚瑟·布里斯班去世了。在他去世后不久，赫斯特报业帝国崩溃。那种粉碎般的倒塌就好像它是建在沙子的基础上。发表布里斯班的文章并使报纸保持盈利的联盟已经在赫斯特的心中死亡。这种情况不能被解释为仅仅是巧合或者突发事件。人要不断寻找那些有着较为谦逊的生活追求的人，以及从事商业和工业管理的人帮助你，你会在任何地方找到引导你的人。

凯特·史密斯（Kate Smith）将歌唱作为她生活中的主要目标，但她开始的起步期却很糟糕。有些人愿意听她唱歌，但很少有人愿意买单。那漫长的几个月十分令人沮丧。然而，无论何时何地，无论有没有薪水，她随时随地演唱。直到她与经纪人特德·柯林斯（Ted Collins）相识后，她的才华才获得新生。她现在经常在国家广播电台上表演，而且她单场演出带来的收入比大多数歌手一年赚的还要多。尽管美国有很多走穴歌手，其中很多人可能唱得比凯特·史密斯好或者至少和她水平相当。

埃德加·伯根（Edgar Bergen）和"木头人查理"（Charlie McCarthy）——那个他无法控制的"傀儡"，无论他们能赚到多少小钱，多年来一直在纽约百老汇一起上下班。大部分时间他们都是"自由的"绅士，就像戏剧界人士在失业时所说的那样。通过偶然的方式，这两个人的组合被鲁迪·瓦利（Rudy Vallee）发现。他立即通过电台节目将他们介绍给广大听众，这可是他们接触过的最多的观众了。那是他们的转折点！瓦利和伯根共同应用智囊团原则，让美国全国上下都认识了他，并且认可了他在专业上的技艺。他的表演一飞冲天！在世界发现他之前，他是一个天才，但这还不够。一个人可能会制造比他的邻居更好的捕鼠器，但不要认为全世界都会向他敞开大门，除非他的优势通过智囊团原则得到推动。

杰克·邓普西（Jack Dempsey）是一个不知名的年轻小伙子，偶尔从事拳击比赛。他对这种艺术并不熟练，而且大多数美国人都不知道。幸运的是，他与杰克·卡恩斯（Jack Kearns）结成了一个智囊团联盟，不久之后，他便走在了前往世界锦标赛和获得财富的道路上。后来，这两个男人之间的关系被打破了。随之而来的是邓普西拳击手技术和知名度的下降。这个故事为体育世界中的人们所熟知。这个故事告诉我们，当放弃智囊团原则时，一个成功的机会将随之消失。

弗兰克·克兰（Frank Crane）是一位牧师，他的布道正如他自己经常抱怨的那样，"形魂分家"。在一个人的建议下，弗兰克·克兰停止了向小型会众宣讲布道，并开始通过给数百家纸媒的专栏撰写稿件来向数量庞大的看不见的观众讲道。他应用智囊团原则，找人帮助推销自己的布道。克兰去世时的年收入远远超过 7.5 万美元，实际上这比总统的收入还多。

无论生命中的主要目标究竟是什么样的，无论是管理一个伟大的工业帝国，还是宣讲布道，都只有通过运用智囊团原则才能取得巨大的成功。将这个事实融入你的思想，你将会非常接近成功的起点，那种加速的进步你之前从未见过。

在俄亥俄州销售人寿保险业务量最多的那个人，以前是一名公共汽车售票员。他几乎没有上过什么学，却渴望成名。他在销售人寿保险中运用智囊团原则的方法，既有趣又有教育意义。当他还在担任街头车辆指挥员时，他开始学习成功学。在他快要完成培训的时候，他辞去了汽车公司的工作，开始做保险销售业务。

在抓住了智囊团原则的全部精神和意义之后，他通过这一原则的独特应用开始了他的新职业。首先，他与几家分期付款家具零售店建立了永久合作。他通过这些商店向每一对购买整体家具组合的新婚夫妇提供人寿保险，第一年的保费由商店全额支付。

其次，他与几个不同品牌的汽车销售代理商建立了类似的联盟。

由于他在这些领域取得的成功，他之后又与几家投资公司建立了联盟。通过这些投资公司，为从他们那里购买房屋的人投保。接下来，他与3家储蓄银行建立了类似的联盟，银行为所有新存款人投保。这些存款人的信贷保持了最低余额。在工作的第一年，这位年轻人的收入远远超过了他为汽车公司工作整整10年的收入。现在还有其他几个人寿保险代理人在其他州为他工作。

关于这个人的一些故事将有助于解释他的成功。他的学业和他的个人形象明显不足以代表他。他是一个瘦小的男人，看起来他最需要的东西就是吃一顿好饭。在大多数方面，他不如普通人，他知道这一点。但这正是他成功的秘诀：他的自卑感被转化为一种燃烧的渴望，助他获得认可和知名度。而这种渴望正是推动他努力工作的主要动机。他坚持不懈，从来不承认"不可能"。

他完全没有恐惧！这也是他在自己心中建立起来的意识，以抵消他在其他方面缺乏个性和公众认可度的自卑感。他一年中的每一天都有一个明确的目标，坚持自己的销售配额。他充分利用了智囊团原则，否则的话，他仍然是一个没有任何特色的人，也没有隐藏的其他能力。他的成就可能很容易被复制，至少有6000名保险代理人接受过与这位年轻人相同的业务训练，但他们忽略了掌握智囊团原则的全部意义和这个原则可以带来的可能性。

俄亥俄州坎顿市的保罗·威尔希默（Paul Welshimer）牧师同样有效地运用了智囊团原则。他组建了美国最大的主日学校，会员总数超过 5000 人。他应用这一原则的方法既简单又有趣。简单地说，它包括一个计划，根据该计划，他让每个教友和他的主日学校的每个成员都成为他的智囊团的积极成员。他给了每个人一个表演的角色，他自己也参与表演其中的角色。他将教会成员和主日学校成员组织成一系列委员会，每个委员会都有一些明确的任务，目的是扩展教会的影响力。威尔希默先生成功的秘诀可以用一个简短的句子来解释——"我们让每个人都忙活着，"他说，"就没有人有任何时间或者想法干别的。"

促使所有这种和谐合作的动机只不过是每个成员对个人认可的渴望，对工作认真和忠实的表现。这种认可程度是相当高的。教会在自己的媒体上发布周刊。该周刊完全致力于围绕教会成员和主日学校的新闻、他们的工作以及他们参与的社会和家庭活动。每个人都因为在教会周刊中看到自己的名字产生快感。那些表现突出的人偶尔还会看到他们的照片被登在周刊上。

"他是一位伟大的牧师！"有人会这样评价威尔希默先生。现在，整个故事的讽刺之处在于他很难被称为牧师。他不是一个能干的演讲者。他的布道通常是枯燥无趣的。他解释了他的背景，他说在开始布道之前，他从事杂货业务。但他是一个伟大的组织者。他的成就有一个真正的秘密：他理解智囊团原则，并致力于应用它。剩下的就是他的受众。他们在牧师的带领下心甘情愿地做到了，并且从中享受到了很多乐趣。此外，他们还扩建了原有的小型教堂。教堂现在搬到了整个街区更好的地方，还多了一个大型公共礼堂和礼拜日学校的房间。

威尔希默先生作为一名牧师的名声已经远近传播，来自美国的每个城市的教会和主日学校的管理者几乎都去过他的教堂学习他成功的秘诀。天哪，现在这个"秘密"是教会领袖的财产。这个秘密非常简单，它除了智囊团原理的合理应用没有其他的什么招数。

埃德温·巴恩斯（Edwin C. Barnes）是托马斯·A. 爱迪生的商业伙伴，他的成功很大程度上归功于他在"Ediphone"（爱迪生电动听写机器的商标名称）营销中应用智囊团原则的独特方式。

当他刚开始应用这一原则时，他的销售队伍大约有 20 人。他与几家从事办公家具与办公用品营销的公司联系，结成联盟。这些公司还有节省人力的设备比如加法机（adding machine）和打字机（typewriters），这些公司的销售人员实际上后来都成为 Ediphone 听写机的推销员。

计划是这样的，负责销售 Ediphone 听写机的销售人员和办公设备公司的销售人员通过互相提供各自商品的潜在购买者来进行信息交换，而不向任何人支付费用。

这个计划很简单，但十分奏效。巴恩斯所组织管理的电话总机操作员进行处理客户信息，每天会给潜在买家打电话。在他们的日常工作中，办公设备公司的销售人员密切关注可能需要 Ediphones 听写机的客户——特别是刚刚开张的新公司。这些销售人员会立即打电话将信息传递到信息交换所。

销售 Ediphones 听写机的销售人员同样持续寻找那些可能需要任何办公设备或打字机的公司。根据这个计划，所有参与智囊团联盟的公司都得到了来自合作公司的销售服务，他们的服务带来的利润非常丰厚，而这些销售人员都不在自己公司的工资单上。

事实证明，根据这一计划运作 10 年，巴恩斯先生就能够退休，因为他获得的奖金远远超过他的生活需要了，当然，前提是与他结盟的其他公司也同样表现出色。

在第一次世界大战结束后，一名曾经被高薪聘为私人秘书的年轻女性失去了她的职位，因为她所在的公司倒闭了。她开始四处寻找另一个职位，但发现没有人愿意支付她之前习以为常的工资。在寻找新职位的同时，她成为成功学的学生。

在听了一个关于智囊团原则的讲座之后，她发现了一个让她创造自己的事业的机会，而后她从中获得了她以前作为私人秘书时 10 倍以上的收入。

她的想法很简单。在之前担任秘书的那段时间，她已经开发了自己令人愉悦的"电话声音"能力，她的设想是向某些特定商业公司提供具有前景的客户资源，将她的声音转化为利润。起初，她专门为人寿保险、汽车和房地产行业提供潜在买家。后来，她在名单中加入了她自己的客户，比如百货商店和其他商业公司，涵盖了各种不同类别的行业。

通过电话簿，她与列出的每个人进行沟通并获取信息，使她能够非常精准地为她的客户提供他们需要的潜在客户资源。当然，她有电话销售的能力，这使她能够确定她的客户中哪个人可能是潜在客户。她的这个销售能力就是评定每个与她交谈的人是否会成为潜在客户。

一个下雨天，这位聪明的年轻女子在自己华盛顿特区的家里打电话给我。用她通常的"百万美元电话语音"的音色和我说话，她问我是否可以屈尊会见她，约会定在伍德沃德和洛斯洛普百货商店男装部门的第 12 号柜台。在那里我会看到我需要的东西，一个她很确定我会想要的东西，以及我肯定会为此感谢她的东西。我欣然同意，并在约定的地方见了史密斯小姐。这位年轻女子训练有素的声音和专业的销售谈话使这次访问成为"必需"。到达 12 号柜台后，我发现自己站在十几个人的阵容中，所有人都和我一起等着，看看神秘的史密斯小姐待会儿要向我们展示什么。在电话线另一端的史密斯小姐很忙，给排队中的男人试穿雨衣，不仅试穿，穿上之后他们就没再脱下来，她就直接卖掉了！

> **人可以完全控制的唯一事情就是他自己的想法。这非常重要！**

这一天有 156 件雨衣的销售额，更不用说这位聪明的年轻女性凭借"百万美元的声音"赢得了丰厚利润。排队等候中的每个人都带有一种愉快的心情，但其中一个人受到其他人所不理解的笑点的冲击。他是那个教这个年轻女人如何电话销售的人。他的名字叫拿破仑·希尔。他对智囊团原则的教学非常完整全面，以至他被自己学生的"诱饵"抓住了。

这位年轻女士通过培训其他年轻女性获得商品的潜在购买者，延长了她与商家的智囊团联盟。她现在在几个大城市中都有自己的销售组织。她对该商业模式没有垄断地位，因为她不能阻止其他人采用它。我知道一家人寿保险公司的总代理人，他就采用了这个模式，并且非常有效地使用了这个方法。效果甚好，以至在他投入运营的第一年，他将50名代理商的销售额提高了40％以上。他让一名电话接线员踏踏实实地工作，打电话给家庭主妇们，并安排她们配合他的经纪人给这些主妇的丈夫们打电话。

对于有些人来说，从分析托马斯·A.爱迪生合作伙伴的商业方法到描述电话运营商的销售技巧似乎有点跳跃。但本章的目的是向你展示如何将智囊团原则应用于所有职业中，从最伟大到最底层的。

现在，我将回到美国最著名的工业家亨利·福特应用智囊团原则的分析上。30多年前安德鲁·卡耐基恰当地预言了他的成就。这里我不会描述福特先生使用智囊团原则的所有方法，但我会分析他对这个原则所做的两个重要的应用，这两个应用都有公开的记录可循。

我将回到1914年。当时福特先生对整个工业界感到震惊，他宣布从此以后他将支付所有的日间工作工人的最低工资为每天5美元，不论他们的职业岗位是什么。当时，大多数工人的工资约为每天2.5美元。其他的工业领袖声明他们不赞成福特的最低工资政策，许多人预言这将导致他破产。

让我们一起来看看记录，看看他的政策对他的业务有什么影响。也许最重要的是，它可以减少他的劳动力成本而不是增加劳动力成本，因为这个方式可以使他的工人提供比他们向来养成的工作习惯更多和更好的服务。

这同时还改善了他们工作的"心态"，从而提高了整个工作团队的士气。出于这种和谐合作的新精神，福特和他的员工们达成了共识。这实际上还使他免于劳务纠纷问题，因为他已经给了他的工人更多的工资和更好的工作条件，比任何企业管理者都有底气向员工们提出工作要求。并且值得一提的是在20多年后，当煽动者试图挑拨福特和他工人之间的合作关系时，他们没有得到任何结果。

通过他的最低工资政策，福特和他的工人之间建立起智囊团联盟。再加上与该政策配合的其他方式，一直是他取得巨大成功的最重要因素。因为正是这一合作政策使他能够在多年来当其他制造商提高其产品价格时他的汽车售价反而下降。

早在福特采用智囊团原则作为确保工人更好合作的方法之前，他就把这个原则用于另一个影响他整个业务的影响深远的方向，使他有可能控制他的行业，让他进入货币市场运营资本。

他运营资本的方法既实用又简单，事实上，所有福特的经营方式都是如此。他通过和他的汽车经销商之间的联盟关系，确保只要是在这个联盟中的经销商每年都可以以批发价从他那里购买一定数量的汽车。交换条件是他们需要提前支付每辆汽车销售价格一定比例的货款，其余部分应在交付汽车时支付。这笔预付款足以让福特获得生产汽车所需的运营资金。因此，他既没有必要为了经营目的借钱，也没有必要在他的公司出售股票。

这种融资方式的回报价值是惊人的。它包含一个非常微妙的销售心理学原则，但很少有人花时间分析，即：福特从他产品的购买者那里采购了他用于生产产品的运营资金。他的经销商拥有与福特的独特合作关系，这种关系使他的经销商既是他的整个产品的购买者，同时也是产品的销售者，还是制造汽车所需的运营资金的提供者。这种融资策略又一举三得地使福特降低了昂贵的销售工作成本，并为他提供了所需的运营资金，还不让他受到专业金融家的控制。

据笔者所知，福特是当时唯一一家将企业融资与其产品分销关联起来的大型工业运营商，这两个重要因素都是通过同一来源处理的。这是具有重要经济意义的智囊团应用程序。大型工业和商业组织获得资金的来源通常使用正统方法，而这些正统方法是与福特的方法完全相反的——融资是融资，销售是销售。

福特先生的方法确保他在管理业务方面得到了最充分的合作。工业运营的通常程序是从一组人获得运营资金，通过出售股票，然后将产品出售给另一组完全不同的人。在这种情况下，企业的所有者与购买企业产品的人几乎没有共同之处。而根据福特的计划，参与其业务任何环节的每个人都有与他合作的可能性，因为他们有明确的动机。

据说福特的一些经销商抱怨他的政策迫使他们定期购买汽车配额，并提前支付部分购买货款。从福特的角度来看，对这一投诉的最佳答复是，世界上每一家福特经销商的特许经营权都可以随时变成资产。因此可以得出结论，福特与其经销商相关的政策总体上对他们和他自己来说都是非常有利可图的。

福特采用智囊团原则的方式远远不止我们上面讲的他与经销商及他的工人的联盟方法。福特汽车现在几乎覆盖了世界所有地区，并成为车主们的首选之一。

通过这种与公众的联盟——就公众而言，喜欢它是一种自愿的选择——亨利·福特可能在美国民众的思想中比任何其他现在还健在的工业家更友好。这种善意的资产是一种财富形式，无法用银行存款、汽车和物资方面的东西来衡量估算。它可以随意转换成现金，比任何重要的东西都更有价值，更持久。如果亨利·福特被剥夺了他所拥有的每一美元，他的每一辆汽车都被烧毁了，或者被剥夺了他拥有的所有物资的东西，他仍然会比克罗伊斯（Croseus）更富有，因为他可以将他的善意转化为他所需要的资本，以便他能够向世界各地的数百万朋友发出求救。如果有必要的话，他们会拿出钱，甚至他们的最后一分钱，并将其投资在他身上。为什么他们会对投资亨利·福特有信心呢？

这个男人给所有花时间了解他如何以及为什么如此成功的人提供了很多教导！我们大多数人今天看得到福特，是因为他站在生命财富的顶端，我们就只看到一个"幸运"的男人。如果要知道真相——少数一些人是知道的——福特的成就并不是靠运气，也不是来自"突破"，他只是智慧地运用了美国成就哲学。

在安德鲁·卡耐基的坚持要求下，笔者在30多年前就开始研究亨利·福特和他的人生哲学。对这位汽车之王的个人轨迹观察早在福特被公认为世界上最伟大的工业领袖之前就开始了，因此，我有机会一步一步地观察他使用的方法。一个人从头开始，没怎么上过学，没有被公开认可过他的杰出能力，也几乎没有什么钱，直到后来他终于使自己成为世界上最伟大的工业国家的头号实业家。

出于对亨利·福特的分析，其实还可以从他的商业生涯的大部分时间里继续延伸，我给这些成功哲学的学生描述了福特哲学的重要部分。之所以是重要部分，是因为如果没有这一点，我们就不会密切关注这个男人的成就和他的商业方法。在任何一本关于亨利·福特的出版书籍中，没有任何一位作家透露过我们所讲述的亨利·福特惊人成功背后的真正秘密。

亨利·福特本人并非没有缺点。然而，尽管他犯过错误，但他仍然取得了成功。同样值得注意的是，就事实而言，他的错误似乎总是出于谨慎和保守造成的。对他来说，为了保持流线型的审美流行趋势，改变他的汽车造型可能是一个很大的错误。但他从错误中恢复的能力是如此之大，以至他吸收了由于他的错误造成的损失，而且错误没有严重损害他的财产或扰乱他与公众的和谐关系，或者影响公众对他的信任。

我在智囊团原则这章的最开始就介绍了这个原则可以应用于各种职业。现在我需要介绍一下埃尔默·R.盖茨博士和亚历山大·格拉汉姆·贝尔博士。他们是安德鲁·卡耐基先生派我去拜访的美国科学家，为我整理美国成就哲学方面的工作提供帮助。这两个人的成就对于大多数美国人来说都是众所周知的。他们在接待我的时候对他们的工作进行了详细的描述。贝尔博士是无线电话的发明者，其成就是造福全人类的。除了托马斯·A.爱迪生和贝尔博士之外，美国发明家盖茨博士发明的专利更是远多于其他发明家。他专门研究心理现象，并为世界在这个领域上的知识储备做出了宝贵的贡献。

在3年多的时间里，这些杰出的人与我合作，组织整理了这一哲学，为我讲述了他们所了解的人类思想奥秘。除了安德鲁·卡耐基先生让我跟随这两位先生学习之外，更多的是对他们关于心智运作的无价发现。如果我不整理存档，这些宝贵的思想将会被世界所遗忘，因为他们留下的零碎的信息不足以供大众学习，最多只能让科学家们理解。

我现在介绍一下埃尔默·R.盖茨博士。在我们的谈话中他表达的观点与态度和贝尔博士是共同的。谈话中了解到他运用自己的术语对于智囊团原则以及其他心智运作方面的原则的分析。

　　希尔：盖茨博士，卡耐基先生把我派到你这里，需要你们的合作。我希望你以商业和工业领袖的经验以及科学家的身份，为美国民众提供一些实用可行的个人成就哲学建议。因此，你可否向我讲述你在心理现象领域研究的故事呢？同时我还希望你可以用简单一点的语言表达，因为读者中许多人没有学习过心理学专业的课程，还有很大一部分人的学历都没有到高中以上。

　　盖茨博士：你给了我一个相当大的订单，但我会尽我所能地丰富它。我们从哪里开始？

　　希尔：我想与你讨论卡耐基先生所描述的智囊团原则这个主题，这是他所有成就的主要来源。他将这一原则定义为"两个或两个以上思想的协调，为达到某个明确的目标而完美和谐地工作"。正如卡耐基先生对这一原则的解释，它似乎是唯一已知的可以让人类获得最多的精神力量的渠道。通过运用这个原则一个人可以恰当地利用他人的知识、经验、教育、战略和想象能力。

　　盖茨博士：是的，我很明白你想要说什么。贝尔博士和我花了很多年时间试验这个原则。当然，我很乐意为你提供我们所了解的所有知识。但是，我必须在开始时提醒你，不要在研究这个问题的过程中得出任何结论，直到你完全了解所有有关它的知识之后再下结论。贝尔博士和我都不能声称我们已经深谙这一原则深层次的知识，但是我们已经走过的路使我们自己相信它的确开辟了一种方法，让我们可以获得无法通过其他方法获得的知识。此外，我们得出的结论是，只有当世界上所有人都掌握了智囊团原则，并使它成为所有人的共有财产后，人类文明才会达到它的最高目标。

你不要对这个警告感到惊慌失措，因为我希望给你我习得的关于智囊团原则的所有信息，最终目的是将之正确地普及。

也许我应该解释一下我认为的智囊团原则的两个主要特征：

（a）当两个或两个以上的思想聚集在一起并且为了达到一个明确的目标时，这种组合具有刺激每个人心灵的效果，使每个人变得更加警觉机敏，更富有想象力并且更加积极地使用智慧，而不是一个人思想独立运作。这个事实（除了轻微的怀疑之外，这可以说是一个客观事实）是至关重要的，因为它提出了一种实用的方法。通过这种方法，一个人可以用外部的智力来补充自己心灵的力量，没有任何限制。通过与联盟对象简单地讨论这道程序以及促使实现联盟的任何形式的行动，可以极大地增加每个人通过与合作者的接触收获的额外的心智刺激。为实现某个明确目标而采取的明确行动的心智，似乎在每个人走向成功的过程中都起到了培养必要信念的作用。

正是这种心灵联盟催生了坚定的精神，驱使乔治·华盛顿的军队以极大的优势赢得胜利。正是这种思想联盟赋予了我们美国政府巨大力量，以保护自己免受所有敌人的侵害。这样的联盟还建立了美国的伟大工业体系、银行体系以及其他将我们与其他国家拉开差距的机构。

（b）智囊团原则的另一个特征远远超出了一个个体与其物质环境和生活事物的关系：它赋予一个人更易于参悟通达的力量，并获取知识带来的好处。这种通达的智慧只有那些热衷于帮助其他人获得知识的人才会得到，而那些只在乎个人能力变强大和只对物质方面有欲望的人却永远得不到。这似乎是大自然法则的一部分。为了证明这一说法的合理性（我目前讨论的是理论范围）我做一个对比：完全遵守物理法则的科学家，当研究被一堵石墙挡住，便是走到尽头，无法继续进行。物质法则无法载身。只有哲学家、思想家，以及为了更高的信仰与思想而超越物理定律的人似乎才能够穿越那一堵石墙。有时我会同时扮演遵循物理定律的科学家，以及以信念与思想为导向，跨越死胡同的哲学家的角色。因此，我完全可以笃定地说：对于人类来说，有些知识需要从信仰或信念中挖掘获得。

如果我们在这里把信仰定义为"一种让一个人放弃他自己的理

性或意志上所有限制，并且助其思想开放，以便得到他自身努力的神圣指导，该指导可引领你拥有实现明确目标的精神态度"。

我使用"智囊团"原则的实验使我确信，通过与其他思想和谐共处的人可以更快地拥有这种精神态度。在这种精神态度中，他自己的思维能力会超出他的理性和意志的范围，远远超越他独立行动时所具备的能力。即使是智力较低的动物，如犬类，在受到精神驱使时也会获得勇气和主动性。例如，一只狗可能永远不会想到主动杀死一只绵羊。但是，如果让它加入一群狗中，它们的领导者一心想杀羊，它将毫不犹豫地、恶毒地进行这项活动。同样的趋势可能存在于男孩子们中，当然在成年人中也是如此。大众性的努力和团队合作，以和谐的精神一起推动人与人之间的合作，给个体带来从其他来源无法得到的行动上的激励。

智囊团原则还有另一个特点非常值得分析。事实上，一个人在智囊团会议中通过与其他思想接触而"变强"的人，会意识到一种类似于中毒的心灵刺激形式，这种状况在会议结束后经常持续数小时。当在这种中毒形式下行动时，头脑自然地容易处于开放状态，其中被称为信仰的精神态度开始显现。为了证明这一点，请你观察参加"打鸡血"会议的销售人员的心态。一些有活力的领导者以极高的热情为这个团队工作，你会注意到每个推销员都带着远远超过他参加会议前的勇气与热情。在这里，你可以从成功的销售经理那里获得成功的提示。最了解如何在销售人员心中建立融洽关系精神的人总是最有能力的推销经理，尽管他本人可能是一个非常差的推销员。在任何行业中，对于所有希望通过与其他人的联盟表现出自己的影响力的人来说也是如此。布道的最有趣的牧师并不一定是最好的教会领袖。真正的领导者是能够以和睦的合作精神最好地将他的追随者聚集在一起，并通过这种精神引导他们思考和行动的人。

以安德鲁·卡耐基为例，你可以试试分析他的个性，研究他的教育背景，并按照你的意愿去评价他。最后，你将得出结论，在大多数方面他只是一个普通人。观察他将自己与他的智囊团小组成员联系起来的方法，你才会发现他能力上的秘密。他知道如何让人形成一个复合式的心智，在完全服从他们自己的个人兴趣和想法的前提下为了团队的利益一起工作。以下是卡耐基作为钢铁行业领导者取得惊人成功的秘诀。他将成为其他任何领域的领导者，因为他发现所有伟大的个人力量的秘诀在于和谐的思想联盟。

希尔：盖茨博士，你说的在智囊团会议中，通过与其他思想联系而成为受到刺激的个体，在会议结束后的一段时间内刺激效果仍会持续。你的意思是说一个人的思想在一段时间内变得更加机敏，所以即使他独立行动，他也可以在受到智囊团影响之后更有效地运用他的头脑？

盖茨博士：是的，我的意思就是这样。在某些情况下，这种刺激只能持续几个小时；在其他情况下，它可能持续数天；在极少数情况下，它可持续数周。

希尔：如果他要从联盟中获得所需的利益，智囊团联盟的领导者有必要与他的联盟成员保持非常密切联系吗？

盖茨博士：哦，是的！无论如何都是必需的。观察卡耐基先生和其他商业领袖与他们的工作人员会面的经验，发现疏忽保持紧密的关系将使智囊团联盟失去意义。一个人不能因为他与别人表面上联系在一起的关系就认为他可以获得他们思想上的配合，除非他与他们的思想保持联系，并通过一起讨论、计划和行动使他的联盟保持活跃度！在这里，正如自然世界的其他方面一样，生命法则是通过使用来发展的！大自然不鼓励真空状态和无所作为。最好的头脑是最常用的。

希尔：无论是否确实如此，盖茨博士，安德鲁·卡耐基、托马斯·A.爱迪生以及那些在各自领域获得公认地位的人们，你觉不觉得他们生下来时能力就优于普通人？这不是他们超越大多数人的原因吗？

> 如果一个人可以用行动表明他确切地知道自己要去哪里，那么全世界的人都会乐意跟随他的步伐。

盖茨博士：如果用"如果""但是"和"可能"这些措辞的话，你的问题就无法得到明确的回答。首先让我回答它唯一可以真实地说出来的方式是：基于人类大脑的复杂而神秘的机械特质，没有人能够通过任何一套标准分析任何大脑，衡量其能力。我们知道，托马斯·A.爱迪生来到这个世界的时候，他的学校老师因为他脑子似乎不太正常让他回家了。他的老师用了3个月的时间只为了教他普通学校的基础教育课程，最后一切努力只是徒劳，老师说他"没有足够的感知力去接受教育"。但后来，爱迪生通过同样的大脑给世界带来了巨大的能量。通过这个真实的故事我们应该承认，其实我们对大脑的运转一窍不通！我跟你说这个并不是要开什么玩笑，也不是要回避你的问题，我只想说实话。我希望引起人们的注意，我希望人们知道大自然赐予人类的力量是不可"认为"的。这些人吸收知识的能力（童年阶段）让世界认识到他们是神童。我觉得，所谓"神童"这类群体中，每一个大脑开发和使用的可能性，远远超过普通大脑所能触及的能力。把这个类别中的个体提升到不同寻常的成就高度，仔细分析，你就会非常震惊，他们的成就归功于一些动机的刺激，使他们能够掌握自己的思想并高强度地使用它们。

希尔：我对这个问题非常感兴趣，而且毫无疑问，这个问题会引起很多人的兴趣。人们在试图解决生活中遥远而复杂的问题时更好地利用了自我能力。那么我的问题是：为了可以更好地谋生，究竟什么是一个人开始掌握自己思想的起点，而它又在哪里可以找到呢？

盖茨博士：所有成就的开始都是基于正确的动机或激励，从而来影响一个人为此付出的努力到底有多少。

希尔： 对于如此重要的问题，盖茨博士，这是一个强有力的简短回答。你可以继续说说吗？这样你的答案就会成为一个更明确的指南。

盖茨博士： 我可以将答案扩展到大量的文字和插图，但我不知道解释得会不会更好。事实就是这样：一个人可以完成任何他下定决心要做的事情。

他下定决心的程度完全取决于动机。对于一个人来说，重要的是要有一个明确的动机，而不是生来聪慧，或者受过高等教育。动机赋予人们视觉、想象力、主观能动性、独立执行力和明确的目标。凭借这些思想品质——加上使用智囊团原则，借用他人的教育、经验和能力——一个人可以超越所有限制，达到他想要达到的任何目标。

有一点是肯定的。就大脑能力和智力而言，没有任何迹象表明大多数具有巨大财富和商业成就的人都高人一等。研究这些人，无论你在哪里找到他们，都要相信这个真理。被称为天才的通常是一个神话。经过仔细观察，所谓的天才经常被证明是具有强有力的动机的人，他们的动机支持了目标的明确性。

希尔： 盖茨博士，你说得非常好。那些认识到自己只是普通人，尤其是那些没有接受过多少教育的人也不必担心。我可以引用你的这些话吗？

盖茨博士： 一定要引用我的话！也许能帮助人们纠正这些错误的观点，如"成功者是少数的"或者"少数人受到了超强能力的眷顾"。

我不是上帝的授权代言人，但我一直在想，如果他不希望让自己的祝福降临到"普通人"的身上，那他的爱里就没有送给普通人的了，那么就不是博爱了！

而且，根据经验，令我感到十分震惊的是：文明所知的最大成就是普通人的手艺！尽管看似矛盾，但我必须强调这样一个事实：一个真正伟大的人只是一个发现自己的思想并掌控它的普通人。

我希望我的坦率没有让你失望。如果你来找我期望听到我说"天才是天生的，而不是通过发现和使用一个人的思想来实现的"，那就抱歉了，那正是我想要劝阻的想法。

> 每一个逆境都是一种伪装的祝福，它的出现可以教会我们那些没有它则无法习得的东西。

希尔：盖茨博士，你并没有让我失望，相反，你让我感到很惊讶。因为我来拜访你，希望可以从你心智运作方面的实验中获得一些东西，恰恰是你现在告诉我的。我很乐意向每一个成功学的学生保证他们现在所学原理的真实性。你说明确的目标在以强烈的动机为后盾后比与生俱来的聪明更重要，正如你所讲的无数实验中与思想力量紧密结合的正面案例。这些故事会给许多人带来希望和目标，否则他们可能会对个人成就感到绝望。

盖茨博士的观察结果证明了掌握智囊团原则给人们带来的力量，以下作为我对盖茨博士采访的总结，亦作为本章的结束。

> 　　赠人玫瑰，手有余香。除了助人，没有任何其他东西可以带给你如此持久的快乐。

第三章

天道酬勤

那些在任何工作岗位、任何商业领域或职业中不可或缺的人通常都会写下自己的价格标签，而世界愿意为此买单。

相比其他章节的主题，本章内容阐述了如何让一个人变得不可或缺的方法。因此，对于所有通过向他人提供服务谋生的读者来说，这一章可能具有无价的价值。

简而言之：天道酬勤（Going the Extra Mile）。"勤"意味着提供超出服务客观价格本身更多和更好的服务。采用和遵循这个习惯会使人们从增加收益的法则中受益。相反，如果没有将这一原则作为一种习惯，则会以收益递减的方式阻碍收益。

有一个人主要从事的工作是帮助人们提高个人服务从而展现他的最佳个人优势。他曾经说过，严格遵守提供超额服务的习惯是一种无可比拟的方法，可以将一个人提升到他能够胜任的任何位置。

由于安德鲁·卡耐基创立了美国最大的工业组织——美国钢铁公司，并且在他的商业生涯中成为最大的人力雇主之一，他对本章主题的看法对读者应该会有很大的帮助。在此提供给读者。

卡耐基先生不仅是最大的人力雇主之一，而且众所周知，他是美国最杰出的"法官"之一。他帮助员工们拉近他们之间的距离，彼此建立更紧密的关联，以便加强业务沟通。这让他比其他任何美国实业家都多赚到了几百万美元，因此他也成为人们在推销服务的方式和方法上效仿的权威对象。

同样值得注意的是，我们采访的500多位杰出的工业和商业领导者，在成就哲学方面都强调了严格遵循"天道酬勤"这个习惯的好处。

我在本章开始时提请你注意这些重点，是因为美国目前的发展趋势是与这个原则背道而驰的，美国人现在总想着提供尽可能少的和糟糕的服务。

经济法使得任何一个人在很长一段时间内都无法从工作或商业企业中脱离出来。这部法律源于自然法则，因为在自然界中到处都有证据表明，大自然会藐视百无一用的事物，会淘汰那些低于其贡献价值的事物。

那些跟随这个忠告的人肯定会发现，他们的智慧最终会得到充分的回报，他们获得的补偿远远超过他们提供的服务的实际价值。补偿不仅包括物质利益，还包括更强大的品格、更好的心态、自力更生的能力、积极主动的态度、热情的性格和声誉方面的发展，这将为他们的服务创造一个持久的市场。

现在美国的许多人都越来越倾向于试图无所事事混日子。这种危险的趋势始于第一次世界大战结束时。近年来它已经如此强化，现在它有可能破坏整个美国的生活方式。

这种趋势已经开始削弱美国工业的基础，而美国的工业是就业的最主要基础。

人们将他们自己集中在一起，并且通过人数上的优势或强制力，迫使工资上涨，而他们执行的服务质量和数量却不断下降，那么没有哪个行业可以成功运作。继续这种做法将会有一个破产的临界点，而这一临界点对于全美国来说已经迫在眉睫了。

目前，美国面临着自 165 年前这个国家诞生以来最严重的危机。我们正处于一项伟大的国防计划的开端，该计划完全依赖于美国工业。那些自私地要求为贫穷劳动者付出极低工资的人不能帮助美国。

如果我们什么时候需要向每个忠诚的美国人提出"你做的应该比他付出的更多"，那么现在是时候了。目前的紧急状况要求美国民众忘记自私的利益，并全心全意地投入事业中。

现在是时候了，每个公民都被要求做的不仅仅是为了获得报酬，也不仅仅是为了促进自己的私人利益。

天道酬勤的习惯一直是所有人成长的核心。没有遵循这个习惯就不会取得闪耀的成功。现在是时候了。

我们这些缺乏付出的意识，不把天道酬勤作为自我提升手段的人，现在必须将这种习惯作为一种自我保护手段。我们可能不追求个人生活奢侈，但我们的标准肯定没有低到不想要个人自由。

像所有其他值得拥有的东西一样，自由也是有代价的。我们不能以代价越低越好的方式购买自由，同时还要求换取自由的成果。

在这里，没有中途休息点，没有姑息纵容，没有折中妥协。我们背靠着墙，没有退路，我们只有一种方式，那就是以坚定的决心不再让失败成为现实，去追求"勤"。

如果不支付勤勉，我们就无法保持我们富有而自由的特点了。我们要么为我们想要的东西付出，要么就接受压制！

因此，当你阅读本章时，请把它牢记在心上，并加倍努力地为了促进比你的私人利益更深刻的事情的发展而付出。

与此同时，在这样做的过程中，你将学到很多自我提升的经验，这将使你的余生受益匪浅，就像安德鲁·卡耐基和所有其他将机会转化为个人财富的人一样。

> 提供比协议中更多和更好的服务，别人很快就会主动支付你更多的报酬以匹配你的实际价值。

隐藏在本课程背后的是安德鲁·卡耐基发现的成功秘诀。他向人们透露这个秘密，并且他要求秘密只可以讲给那些已具有成功必需品质的人。

成功的人为这个哲学概念的构架做出了贡献，这个秘密也是众所周知的。任何读者都不可能发现这个秘密，除非他有"天道酬勤"的思想。而拥有这个品质的人一定会在某个地方显露出来他的这个闪光点，也许是在某个意想不到的时间和地点。

20多年前某个寒冷的清晨，查尔斯·施瓦布的私人铁路列车被转移到他位于宾夕法尼亚州的钢铁厂的侧轨上。

当他离开列车时，他遇到了一位年轻人，年轻人解释说他是钢铁公司办公室的速记员，他等到了这辆车，希望能为施瓦布先生提供一些服务。

"是谁让你在这里见我？"施瓦布问道。

"这是我自己的想法，先生。"年轻人回答说，"我处理了一封电报，我看到电报上说你今天乘坐清晨的火车来这里。先生，我把笔记本带来了，我很想帮你发送信件或电报。"

施瓦布先生感谢这位年轻人的体贴，但他说他现在不需要任何服务，不过他可能会在当天晚些时候派人去找他。他做到了。当他的私家车当晚返回纽约时，他带上了这个年轻人。在施瓦布先生的要求下，他被指派到钢铁大亨的私人办公室工作。

这个年轻人的名字叫威廉姆斯。后来，威廉姆斯先生在钢铁集团内部努力地将自己从一个岗位提升到另一个岗位，直到攒了足够的资金让他能够自己创业。再后来，他成立了一家制药公司，他是该公司的总裁兼大股东。

这个简短的故事没有戏剧性吗？嗯，答案完全取决于何为戏剧性。对于每一个试图在这个世界上找到自己位置的人来说，这个故事无疑带有最深刻的戏剧性，因为它描述了个人成就的一个更重要的原则的实际应用："天道酬勤。"

我想说说这个年轻人在钢铁公司从一个岗位晋升到另一个岗位的过程。让我们来看看他是如何运作这种自我推销的，以便我们可以帮助其他人如何通过他的方法受益。让我们分析年轻人威廉姆斯在钢铁公司的一般工厂运营办公室中拥有哪种其他速记员不具有的能力，使他被施瓦布先生挑选出来并分配到为他个人服务的岗位上。

我们引用施瓦布先生自己的说法：年轻的威廉姆斯拥有良好的品质，不仅仅是他的速记速度高于平均速度，另外他自己主动开拓并以执着的精神实践工作。这样的品质很少有人拥有，这就是提供比他付出的更多和更好的服务的习惯，也就是"勤"。

正是这种习惯使他能够不断提高自己，正是这种习惯引起了施瓦布先生的注意，也正是这种习惯帮助他成为一个公司的负责人，使他成为自己的老板。

在这个故事发生的几年前，施瓦布先生用同样的习惯引起了卡耐基先生本人的注意，并使他获得了机会，将自己提升到成为自己老板的位置。

天道酬勤，卡耐基从工厂日工的岗位上升到了美国最大的工业企业所有者的地位，最终他积累了巨额财富和比金钱更多的知识财富。

卡耐基先生关于"天道酬勤"这一主题为读者提供了一种实用的工作技巧，可以帮助你有效地利用这一原则进行自我推销。正如他在阐述个人成就哲学时向笔者解释的那样，他对这个主题的表达是这样的：

希尔：卡耐基先生，我听说有些人表示他们相信成功往往是运气的结果。许多人似乎相信成功的人之所以能够取得成功，因为他们获得了生活上的有利"突破"，而其他人因为"突破"不利而失败了。

富有的波斯哲学家克罗伊斯曾这样描述过"运气"：

> "王啊，你可知道，有一个牵动人类所为之事的轮盘。它的机制是防止任何人永远幸运。"

在你丰富的业务经验中，你是否看到过这种轮盘的证据？你是否将成功归因于运气或有利的"突破"？

卡耐基：你的问题给了我一个合适的出发点来描述"天道酬勤"。"勤"，我指的是提供更多和更好的服务。

我会肯定你的问题，确实有一个控制人类命运的生命之轮。我告诉你，这个轮盘肯定会影响到人类，它会有利于某一个人。如果没有这样的机制，就没有任何对象受益于个人成就哲学。

希尔：你能用最简单的话告诉我怎么控制这个命运之轮吗？我想描述得简单一点，让商业生涯刚刚起步的年轻人理解这个重要的成功因素。

卡耐基：我会描述成功的特定规则，如果得到适当的应用，将使一个人真正地标出自己的价码，获得他想要的机会。此外，这条规则的强大力量实际上保证了一个人免受购买他服务的人的反对或者拒绝。正如我已经说过的那样，"天道酬勤"意味着做出比被支付费用更好和更多的工作。你会发现我在这条规则的描述中注入了一个重要的词：习惯！

在开始应用规则并带来良好的结果之前，它必须成为你的一种习惯，并且必须始终用所有可能的方式进行应用。这意味着你必须提供你所能提供的最多的服务，并且必须以友好和谐的方式呈现它。此外，你必须这样做，无论你收到的劳工补偿是多少，无论你有没有立即得到补偿。

希尔：但是，卡耐基先生，我认识的大多数拿工资的人都说他们做的工作已经是超额付出了。如果这是真的，那么他们为什么不能更好地掌握他们自己的命运之轮呢？他们为什么不能像你一样富裕？

卡耐基：这个问题的答案很简单，但在你理解之前我必须先从多个角度解释。如果你准确地分析那些为工资工作的人，你会发现每 100 人中有 98 人除了等着每天的工资，没有什么明确的主要目标。

因此，无论他们做了多少工作，或者他们做得多好，幸运之轮都会直接路过他们而不会向他们提供除了基本生活需求之外的更多东西，因为他们既不期望也不要求更多。现在请你认真思考，你将更好地跟随我在这个主题上提出的逻辑。

接受有限日常工资的人与我自己之间的主要区别在于：我要求明确定义下的财富，我有一个获得财富的明确计划，我正在执行我的计划，我正在提供与我所要求的财富价值相当的有用服务，而其他人则没有这样的计划或目的。

生活正按照我个人需求的条件支付我。对于那些只要求把薪水拿到手的人来说，生活也会给他想要的。你看，幸运之轮遵循一个人在他自己心中设定的心理蓝图，并以物质或经济的方式将其带回给他，完全等值于蓝图的设定。

你需要掌握这个原理的全部含义，否则你将错过这次讨论的重点。请你记住，在这个原理的运行下还有一种补贴机制，通过它的运作，一个人可以建立起自己与生活的关系，包括他积累的物质财产。你不能逃避接受这个机制，因为它不是人为法律规定的，它是不受人类控制、一定会发生的。

希尔：我能理解你的观点，卡耐基先生。用另一种方式陈述这个问题，我们是不是也可以说每个人所在的位置、每个人所承担的角色都是出于他对自己的认识，对吗？

卡耐基：没错，是这样的。大多数经历过贫困生活的人的主要困难在于，他们既不认识自己心智的力量，也不试图占有和掌控他们自己的思想。一个人用手可以完成的事情很少带来超越基本生活需求的东西，而一个人通过思想完成的事情则可能会带给他任何他生命中所要求的东西。

现在让我们继续分析"天道酬勤"原则。我将解释一下这个原则更实际的一些优点。我之所以称之为实际，或者说叫接地气，是因为它是任何人都可以使用并从中受益的方法，不需要得到别人的同意或者有什么外在条件限制。

提供额外服务让这个人得到了有支付能力的人的"特别注意"。我从未听说过哪个人在没有采用和遵循这种原则的情况下就能吸引到别人诚恳的注意力，然后将自己提升到更高的地位。

这种习惯有助于发展和维持面对他人的正确"心态"，从而成为一种获得友好合作的有效手段。

它有助于人们通过对比法获利。因为这很明显，大多数人都习惯于与这个原则完全相反的形式和方法，只做尽可能少的工作，而这就是他们所得到的一切，过得去就行了！在别人的衬托对比下你会很有优势。

它为一个人向别人提供的服务创造了持续的市场可能性。此外，它确保你在工资或其他形式补偿的最高位置上进行工作岗位和工作条件的更自由的选择。

同样是对比法的作用，它会让那些尽可能少提供服务的人无法获得更多的其他机会，从而帮助你从拿别人的工资进步到获得自己的企业所有权。

在某些情况下，它使一个人成为工作中不可或缺的一部分，从而为他给自己开价铺平了道路。

它有助于发展自力更生的能力。

它所提供的最重要的一个优势是在增加收益方面。愿意付出更多的人最终将获得的补偿远远超出他所提供的服务的实际市场价值。因此，提供额外服务的习惯是一个合理的商业原则，即使它纯粹作为一种权宜之计也可以有力地促进个人利益。

提供额外服务是一个可以在不征得他人许可的情况下运行的习惯，因此它是由一个人自己控制的。而许多其他有益习惯只能通过其他人的同意和合作来实施。

希尔：卡耐基先生，所有为你工作的人是否得到你的允许，他们可以提供额外的服务？如果有的话，有多少人因此获利呢？

卡耐基：我很高兴你提出这个问题，这让我有机会在这个问题上讲一个重要的观点。我想说说每个为我工作的人（这对所有曾经为我工作过的人都是一样的道理），不仅有权做更多额外的事情，而且我鼓励所有为我工作的人为了他们和我自己的利益都这样做。

为我工作的人成千上万，听到这个数字你可能会感到惊讶，但是很少有人提供比他们的义务本身更多和更好的服务。尽管我雇用的每个人都有主动做额外工作的权利，他们不用征得任何人同意。

但只有少数几个是真正这样做的，他们是我们的监督和管理团队的成员，他们每个人的薪酬远远超过大多数工人的薪酬。

我的智囊团小组中的一些成员，像查尔斯·施瓦布这样的人，已经使自己成为我们这个企业中不可或缺的一员，他们在一年内赚到多达100万美元的奖金，大大超过固定工资。因此，不少在我们企业之中将自己提升到更高收入水平的人，最终还赢得了开启自己事业的机会。

希尔：他们每年能拿到100万美元的额外补贴！那么你为什么没有跟他们讨价还价呢？

卡耐基：哦，的确，我确实能以更少的钱获得他们的服务，但是你必须记住，这种提供额外服务的人，既是为了雇主的利益也同样是为了雇员的利益。因此，雇主支付一个人所得的一切都是智慧的行为，因为雇员努力赚取的利润超过他的收入。通过向查尔斯·施瓦布支付他赚来的钱，我保证自己不会失去他的服务。

希尔：你说的是支付给那些提供额外服务的雇员吗？如果这样的话，那怎么能说他们提供了比"本身价值"更高的服务呢？你的陈述似乎有些矛盾。

卡耐基：你和许多其他人一样在这个问题上有了错误的认识，这种误读是由于对"天道酬勤"的原则缺乏了解。看似明显的矛盾其实是一种幻觉。但我很高兴你提出这个问题，我已经在这个问题上为你准备好了答案。即使我有时不得不支付巨额款项，付给他们所有人高昂的奖金，但是你忽略了很重要的一点。事实上，在我开始向他们支付所有他们所赚的钱之前，他们必须通过做更多的事来建立他们的不可或缺性。

这是大多数人忽视的细节点。在一个人开始提供比他的义务更多和更好的服务之前，他无权获得比他的服务更多的工资，因为很明显他已经收到了他所做的工作对应的全额工资了。

我通过农民的工作可以说明问题。在一位农民为他的服务收取费用之前，他需要兢兢业业地准备土壤、犁和耙，如果需要施肥的话还要准备肥料，然后播种、栽培它。

到目前为止，他没有为他付出的劳动获得任何东西，但是，农民了解农作物的生长规律。他在劳动之后回去休息，而这时大自然使种子萌芽并长出农作物。

在这里，时间因素进入农民的整个劳作环节。在适当的时候，大自然会让他回到他的地里继续种下种子，同时带给他收获，以补偿他的劳动和他的知识还有他的付出。如果他在准备妥当的土壤中播种，他会收回种下的那 1 蒲式耳的种子，以及可能 10 个蒲式耳那么多的回报作为他的额外补偿。[①]

在这里，增收法则已经介入，大自然补偿了农民的劳动力和智力。如果没有这样的法则，人类就不可能存在于这个地球上，因为

---

① 1 蒲式耳相当于 35.238 升。

如果大自然只回馈了1蒲式耳的粮食，那么在地上种植一小撮小麦显然没有任何意义。正是这种产量过剩，通过增加回报的规律，自然赐予了人类在土地中获得食物的福利性。

但是，那些提供更多和更好服务的人需要一些想象力才能看到自己能够受益于同样的法则。

如果一个人提供的服务与他的义务服务一样多，那么他就没有合理的理由期望或要求得到超过该服务的公允价值了。

今天的罪恶之一是有些人试图扭转这一规则并收取比他们提供的服务价值更多的报酬；有些人努力减少劳动时间，提高工资率。这种做法不能无限期地进行。当人们继续收到超过他们实际服务价值的钱的时候，他们最终会耗尽自己的工资来源，而采取下一步行动的将会是维持社会治安的警官们了。

我希望你清楚地理解这一点，如果"努力获得更多劳动报酬而不是劳动本身"这件事没有得到纠正的话，缺乏对这个问题的认识基础，注定会给美国的工业体系带来毁灭。

请不要误解我在贬低那些以日常劳动为生的人，因为事实是我正在努力给予一个与他的服务有关的更健全的工作逻辑，我希望帮助每一位这样的劳动者。

希尔： 按照我的理解，卡耐基先生，你认为雇主从只是刚刚达标的员工身上扣除一些工资是不明智的，因为雇员的薪水是他自己设置的。还有，同样的道理，如果他做的工作不如预期的情况，雇主也不应该扣工资对吗？我从你的话中得出结论，你对整个主题的推理是基于你对合理经济学的理解和收益递增原则。

卡耐基：祝贺你，你已经完全理解了这个逻辑。大多数人似乎都不会理解那些遵循提供额外服务原则的人可获得的巨大潜在利益。

我经常听到工作人员说："我没有得到报酬"或"这不是我的责任"，还有"如果我做的任何事都不付给我钱，我会一穷二白"。你一定听过这样的说法。几乎每个人都听说过。

好吧，当你听到一个人这样说话的时候，你可能会把他标记为一个永远不会从他的工作中获得更多额外奖励的人。而且，这种"心理态度"让人不喜欢和他共事，因此不利于拥有自我晋升的好机会。

当我寻找一个人来填补一个负责任的职位时，我所寻求的第一个品质就是积极的心态和愉悦的精神面貌。你可能想知道为什么我不首先看他能否胜任我希望他做的工作内容。我会告诉你原因！心理消极的人会扰乱和他所有有关系的人的和谐度。因此，他会产生一个瓦解作用的影响力，没有哪个高效的经理想要管这样的人。我首先考虑的是正确的心理态度，因为在这种情况下，人们通常会发觉学习的意愿，然后，可以开发完成某项工作所需的能力。

当查尔斯·施瓦布第一次来我这儿工作时，和其他任何工人没有区别，他没有显露出其他能力。但是，查尔斯拥有无与伦比的心态和一种可以让别人消除戒备的性格，这使他能够在所有人中赢得朋友。

他还有一种很自然的意愿，总希望做比他的报酬更多的事情。这种品质在他身上十分明显，以至他实际上不顾自己工作的方式。他不仅加倍了，而且还增加了两三倍，脸上还带着微笑，快乐开朗。

当他完成分配给他的任务时，他匆匆忙忙地回来。他抓住一份艰难的工作，就像一个饥肠辘辘的人看到餐桌上摆好的食物一样。

现在，除了给予他更多的权力以及让他以他喜欢的速度前进之外，我还能做些什么呢？这种心理态度激发了信心。它也创造了一些机会，这些机会总是远离那些愁眉苦脸、心里充满怨言的人。

我坦率地告诉你，根本没有办法阻止一个有这种积极心态的人。他写了自己的价格标签，心甘情愿。如果一个雇主目光短浅到拒绝承认这样一个人，一些更聪明的雇主很快就会发现他并通过适当的补偿给他一份更好的工作。因此，供求法则介入并会强制地给予这样一个人适当的奖励。雇主对这种情况几乎没有什么可做的。这样的过程完全掌握在员工自己手中。

提供更多服务的智慧不仅仅适用于雇主和雇员之间的关系，同样的原理可以帮助其他专业领域的人们，以及所有通过服务他人谋生的人。杂货商在称重一磅糖时愿意为顾客多来点儿的老板一定比那些总是短斤少两的杂货铺生意更长久。

四舍五入多找给顾客半分钱的商家一定比把半分零钱都揣到自己兜里的商人更明智。我知道每年都会有很多商人因为锱铢必较的吝啬习惯而失去价值数百美元的生意。

我曾经认识一个小商人，他在匹兹堡附近的莫农加希拉山谷活动，每天都上上下下地兜售他背包里的商品。我听说那个背包的重量比他自己都重。

当他进行销售时，通常会赠送一些客人没有付款的额外产品，以表达他对买家的感激之情。哦，就其货币价值而言，礼物的价值并不高，但是他以如此愉快的心态做出了这一举动，以至于顾客总是向所有邻居说他的好话，从而给这个小伙子做了免费宣传，这种宣传他是根本没法用钱购买到的。

这个小商人从他常走的路线上消失了。不久，他的顾客们就开始询问他发生了什么。他们打电话给他时，"背大包的小男孩"的亲切称呼足以表达他们真诚的感情。

几个月后，他又出现了。这次他没有背他的大包，他来告诉所有顾客他在匹兹堡开了一家自己的商店。

> 如果你的劳动实际价值比本身这件事应有的价值低，那么你就已经获得所有报酬了，而且你没有权利要求更多。

这个商店现在是市里最大和最繁荣的商店之一，它被称为 Horn 百货商店，由"背大包的小男孩"创立和拥有。现在，人们可以修改他的绰号了，"有大智慧的小男孩"。

看看那些"真走运"的人，我们常常没有调查他们的"运气"来源，如果我们这样做，我们可能会发现他们的运气包括提供额外的更多和更好服务的习惯，就像"背大包的小男孩"一样。

很多时候，之所以人们认为查尔斯·施瓦布得到一个有利的"突破"，是因为卡耐基看中了他并把他推到人群前方。而事实上，是查尔斯把自己推到了前面。在这件事上我所要做的就是不让他走，不让他离开。他通过自己的主动为自己创造了每一个有利的"突破"。

当你在个人成就哲学中描述这个原则的时候，一定要强调我现在告诉你的事情，因为这是一个安全可靠的原则。任何人都可以通过这个原则来影响自己的生命之轮，这样它就会产生难以想象的好处。

当你把这个哲学理论介绍给世界时，一定要告诉人们如何使用这个"天道酬勤"的原则。人们需要通过正确的方法让自己成为群体中不可或缺的。同样，请务必解释清楚这是取得成功的原则，通过这个原则可以使《劳工补偿法》得以实施。

我一直认为这是一个很大的悲剧，爱默生在他关于《劳工补偿法》论文中没有更清楚地解释养成提供额外服务的习惯会影响《劳工补偿法》反馈劳工的努力。

希尔：你知道成功的人不遵循免费提供额外服务的原则吗？

卡耐基：我没有听说过哪个成功者不遵循这种习惯，无论是有意或无意。研究任何一个成功的人，无论他的职业如何，你都会很快明白他不会"按时准点工作"。

如果你仔细研究那些在工作结束时吹口哨庆祝的人，他们对自己的选择无动于衷，他们不会摆脱这种"奴役"的心态，只是在勉强维持生活。

给我找一个例外的人，我倒要看看他是怎么没有付出更多就可以得到回报的。如果这个人允许我拍一张他的照片，我会当场给你一张1000美元的支票。

如果这样的人存在，那他就是一个罕见的标本，我想在博物馆保存他的照片，所有人都可以看到"成功"违反自然法则的"成功人士"。成功的人不是在寻找工作时间短又轻松的工作，因为如果他们真正知道什么是成功，他们就知道不存在这样的成功。成功的人总是在寻找延长工作而不是缩短工作时间的方法。

希尔：卡耐基先生，你是否向来都遵循提供额外服务的习惯呢？

卡耐基：如果我没有这样做，你就不会在这里跟我学习成就法则了。你压根儿就不会见到我，因为我仍然会像我开始的时候一样是一个车间职工。如果你问我是什么成功原则帮助了我，我想我一定会说是"天道酬勤"。但是，你不能认为这个原则本身可以决定成功。我们前面还谈到了其他成功原则。想取得卓越和持久成功的人必须使用其中的某些组合。

现在我想提请你，注意将目标的确定性与"天道酬勤"的原则结合起来。在走得更远的时候，人们应该有一个明确的最终目的地。

一个人应该通过提供额外的服务作为一种下意识的工作态度来影响生命之轮，从而达到他的明确目标。

如果一个人遵循这种习惯作为一种登高之计呢？每个人都有权利以尽可能合理的方式宣传自己，特别是通过满足和造福他人的方法来推销自己。

法律上没有哪条规定禁止人们向别人提供额外服务。这是一种行为习惯，任何人都可以主动行使，而不是要等被允许、被批准后才这样做。如果卖方交付了超过他承诺的服务，服务的购买者不会反对。如果卖家以友好、愉悦的心态提供服务，被服务的购买者更是不会反对。这些是买方权利范围内的特权。

希尔：那么如果一个人的受教育程度不高，他只能找到普通的工作呢？你觉得这个人与那些受到过良好教育的人有同样平等的机会吗？

卡耐基：这是个非常好的问题。这是人们在"受教育"问题上所犯的一个常见错误。

让我解释一下，"教育"这个词的含义其实与许多人认为的含义完全不同。这个词的根源在于拉丁语"educare"，意思是"引出，引发，从内部发展"。那么一个受过教育的人是一个掌握了自己的思想并通过有组织的逻辑去发展它的人。这样的能力有助于他有效地解决他在生活中遇到的各种问题。

有些人认为教育是"获取知识"，但从更真实的意义来说，这个词意味着人们已经学会了如何使用知识。我知道很多人的知识是百科全书，但是糟糕地使用它们却无法谋生。

许多人犯的另一个错误就是相信"学校教育"和"教育"是同义词。上学可能使一个人获得很多知识，吸收许多有用的事实案例，但仅靠上学并不能使一个人真正地接受教育。教育是自我获得的，它来自思想的发展和使用。

以托马斯·A.爱迪生为例。他在学校学习时间总数刚刚超过3个月，而且效率很低。他真正的"学校教育"来自这段日子的在校经历。这期间他学会了如何占有自己的思想并使用它。通过这种用法，他成为我们这个时代最优秀的"受过教育"的人之一。通过应用智囊团原则，他从其他人那里获得了发明创造所需的技术知识。在他的工作中，他需要化学、物理、数学以及各种其他科学的知识。这些科目他其实都没有学过。但是，从他受到的教育，他知道如何以及在何处获取关于这些对他有用的知识。

所以，消除你认为"知识等同于教育"的思想吧！知道在何时以及如何获得他所需要的知识的人才更像是一个受过教育的人，而不是学富五车却不知道拿这些知识该怎么办的人。

现在，还有另一个陈旧的解读角度，人们总用他们没有机会上学接受教育来解释他们的失败。事实上，这个国家的学校教育是免费的，如果他真的希望这样做，任何人都可以上夜校。我们还有函授学校，在这些学校，人们可以获得几乎任何科目的知识，并且学费非常低廉。

我对这些找借口的人没什么耐心，因为我知道任何真正想上学的人都可以去上。在大多数情况下，这种"没受过教育"的开脱之词的荒谬之处在于，它被用作一种对自身懒惰或者缺乏野心的道歉之言。

我上学的时间很少，而且我职业起步阶段与任何其他工作人员开始时完全相同。我没有什么人际关系"提携"我，没有得到额外恩惠的机会，没有"富有的叔叔"来帮助我，也没有人鼓励我将自己的生活提升到更好状态。如何去做的想法完全属于我自己。而且，我发现按照自己的想法去做相对容易，主要就是我根据自己确定的目标运用自己的思想。我不喜欢贫穷，所以我拒绝生活在贫困之中。我对这个问题的心态是帮助我摆脱贫困、创造财富的决定性因素。我可以如实地告诉你，在我雇用的成千上万的工人中，如果哪个人也有同样的想法和做法，我认为他未来一定和我是一样的。

希尔：卡耐基先生，你之前对"教育"这一主题的分析既有趣又有启示意义。你可以放心，我会把那一段纳入书中，因为我确信还有很多人都有对"学校教育"和"教育"之间关系的错误理解。如果我理解没错的话，你相信一个人教育的更好部分来自实践而不仅来自获取知识，对吗？

卡耐基：完全正确！有大学毕业生为我工作，但他们中的许多人发现他们的大学培训只能让他们偶然地成功，并不是成功的保证。那些将大学培训与实践经验相结合的人很快就会在实践中接受教育，前提是他们不要过分依赖学位还以此作为减少实践经验重要性的借口。

现在是一个适当的时机告诉你，在我雇用的大学毕业生中，那些养成了提供额外服务习惯的人通常会很快地提升到责任更大和薪水更高的职位，而那些忽视或拒绝采用这一原则的人，薪水不比没有大学文凭的普通人多多少。

希尔：你的意思是大学训练的价值不如养成勤奋付出这个习惯？

卡耐基：是的，你可以这样说。但是我观察到那些接受过大学培训的人，他们很勤奋，将他们的大学训练与他们从这种勤奋的习惯中获得的优势结合起来，比那些做得多但没有学历的人能更快地处于领先地位。由此我得出的结论是，一个人从大学培训中获得了一定程度的思想训练，没有这种训练的人通常不具备这种素质。

希尔：卡耐基先生，你的智囊团小组的大多数成员都接受过大学培训吗？

卡耐基：不。他们之中大约有 2/3 的人没有接受过大学培训，我可能会补充一点，那些为我提供最好服务的人都没有完成大学培训。同样有趣的是，这些人提供额外服务的自发性习惯是产生最大价值的品质。

我这样说是因为这些人的例子似乎为我的智囊团小组的其他成

员设定了节奏。此外，这样的工作态度传播到我们工人中，他们中的许多人抓住了这种精神，并学着实践，从而将自己提升到公司薪酬更高、更重要的职位上。

希尔：你是否有什么具体的方法告诉你的员工，当他们提供额外服务时可能会获得额外的好处？

卡耐基：我们没有直接告诉员工这件事的方法，但这件事已经像葡萄藤蔓一样传开了：那些获得更好职位的人遵循的做法就是提供额外的服务。我经常认为我们应该通过某种更直接的方法让我们的人知道提供这种额外服务的好处，如果我们这样做了，就不会担心别人认为我们对员工的激励是从雇主的角度出发让员工免费做更多的工作。

大多数雇员对雇主为影响他们改善自己所做的一切努力持怀疑态度。或许比我更聪明的雇主会找到一种方式取得雇员的信任，并使他们相信提供超出工资标准之外的服务产生的好处是同时作用于雇主和员工双方的。

当然，规则必须双向运作，并且员工应当理解这一原则并且自发地应用。这件事的主动权完全掌握在员工自己手中。这是他可以在没有向雇主申请的情况下主动做的事情。更聪明的员工会自己发现并应用这一原则！

我的智囊团小组中没有一个人是在没有通过提供额外服务的情况下就升到那个位置的。我坦率地告诉你，自愿遵循这种习惯的人很快就会使自己变得不可或缺，从而确定自己的工资并选择自己的工作岗位。雇主不能做任何事情，雇主只会与一个有正确的额外服务意识的人合作。

希尔：但是，卡耐基先生，是否会有一些雇主拒绝认可员工提供的额外服务业务并给予奖励呢？

卡耐基：毫无疑问，有些雇主目光短浅，拒绝对员工进行奖励。但你必须记住，习惯性付出额外劳动的人是鲜有的，而雇主之间会为了拥有这个人的服务而产生非常激烈的竞争。

如果一个人有合理的判断力来理解提供额外服务的好处，他通常也会知道所有雇主都在寻求这种帮助。有的人可能不知道这一点，他们也没有刻意努力推销自己，但他们迟早会引起正在寻求这种员工的雇主的注意。

每个人都会努力寻找他在生活中所属的位置，就像水域寻找它的海拔高度一样！

查尔斯·施瓦布并没有找过我说"你看，我做的比我拿的工资要多"，但我以自己的方式看见了他所付出的，因为我正在寻找这样一种态度。

没有雇主可以在没有员工的情况下成功地开展一个规模与我们相当的企业。这些员工需要在心灵上、能力上全心全意地投入工作中。因此，我一直都密切留意着这类人，当我找到这样的一个人时，我会对他进行单独的观察，确保他一直遵循这个习惯。事实是，所有成功的雇主都会做同样的事情。这是他们成功的原因之一。

无论一个人是雇主还是雇员，他在世界上占据的位置，都是根据他所提供的服务的质量和数量，以及他将自己与其他人联系起来的精神状态来决定的。爱默生说："去做吧！你会因此获得力量。"他从未抒发过比这更真切的想法。而且，它适用于每一个行业，也适用于每一种人际关系。获得和掌握权力的人通过使自己为他人带来的好处做到这一点。所有关于一个人通过"拉关系"抓住有油水的工作的说法都是无稽之谈。一个人可以靠拉关系获得一份好工作，但是我告诉你，他在真正工作时是通过自己的"推动"，而且他投入的工作越多，他就会越高地上升。

我知道有一些年轻人通过关系或其他人的影响而被置于超出他们能力的工作岗位，但我很少听说过他们中有谁能够真正充分地利用这种不劳而获的优势，唯一例外的情况就是他们自己有勤奋的习惯。

希尔：那么不为工资工作的人应该怎么样呢，那些小商人、医生或者律师？他们应该如何通过提供比客户付费更多的服务来提升自己呢？

卡耐基：和拿工资的工人一样，这条规则也同样适用于他们。事实上，那些不这么做的人只能维持他们现有的规模，而且往往会因此完全失败。成功人的生活中有一个因素被称为"善意"，没有这个因素，没有人可以在任何行业中取得值得瞩目的成功。

所有建立良好关系的方法中最好的方法就是提供比预期更多和更好的服务。以正确的心态这样做的人肯定会结交朋友，他们之后会继续光顾他、帮助他。

此外，他的顾客会告诉他们的朋友关于他的事情，从而《劳工补偿法》的规则就会开始起作用。

商家可能不会每次都给客人额外的赠品，但他可以送给客人热情的服务，从而建立友谊，确保客户对他持续的赞助。

你看，善意和自信是各行各业成功的基本要素。如果没有它们的话，人们将永远局限于平庸。建立良好的关系没有比提供额外服务更好的方式了。这是一种自我进步的方法，人们可以主动地去这么做。一般来说，这是一种可以在短时间内呈现的服务形式，也不需要你花很多时间精心准备什么。

我又想到了一个案例。几年前，一名警察在值班时发现一个小机械加工车间在夜里会亮着灯，他知道夜间这里不开工。于是他开始怀疑，便打电话给店主。店主立即下来，打开门，和警察一起小心翼翼地进去，警察手里拿着枪。当他们到达灯光出现的小房间时，商店的主人看了看，令他惊讶的是，他发现是他自己的一名员工在一台机器上忙着工作。

> 当你竭尽一切时，试着写下这个世界需要你的所有理由。这个试验可能会让你大吃一惊。

那个年轻人抬起头，看到雇主和一个用手枪指着他的警察，然后匆匆解释说他一直习惯晚上回到店里，这样他就可以学习如何操作机器，他希望自己对雇主更有用。

我是在一份报纸上看到这篇小短文的，文章只占了3英寸的篇幅，并将这个事件描述为一个年轻人的笑话。但是，在我看来，他的雇主来一个笑话。我联系到这个年轻人，让他来找我。我和他聊了几分钟，然后用双倍的工资雇用了他。今天，他是我们工厂运营部门最重要的员工之一，薪水大约是找他过来时的4倍。

但这并不是故事的结局。这个年轻人正在前往更高的位置，如果他继续以目前的心态工作，他可以承担工厂中最好的工作，或者创业为自己工作。

我告诉你，你根本没有办法压制这些花时间准备付出更多的人。他们可以瞬间就登到他们职业的顶端，自然地就像木头在水中漂到水面上一样。

我是一个俱乐部的成员，这个俱乐部由大约200个人组成，其中大多数人在他们的职业角色中取得了成功。几个星期前，其中一位成员举行了宴会，我是演讲嘉宾。我想就个人成就原则这个主题进行演讲，所以我在每个人的文件夹上都列出了这些原则。在我的演讲中，我要求每个人将这些原则按照在他们心目中的重要程度依次排序，并进行编号。当我得知超过2/3的在场人士将"天道酬勤，超额付出"排在第一时，我并不感到惊讶。

分析任何一个在他的职业中获得公认成功的人，你很可能会发现他的"超额付出"在很多情况下可能是无意识这样做的。

希尔：卡耐基先生，假设一名员工提供了额外的服务，但发现他的雇主没有认识到这种服务，他是否应继续提供这种服务而不提加薪的事情呢？还是说他应该直接提出奖励来引起雇主的注意？

卡耐基：每个成功的人也同时是一个能干的推销员。记住这个！提供额外的服务是他个人的特权，他自己还有责任以最佳的方式推销他自己的服务。如果他的确做出了超过他的报酬的工作，他就有充足的理由要求增加工资。事实上，除非他能证明他带来的工作效果确确实实超过了他的工资收入，他才有足够的理由要求更多的薪酬。

我见过很多人要求提升岗位或者增加工资，而他们没有一个有论据来支持他们的要求。我记得有一天有一个男人进入我的办公室并要求增加工资，理由是他一直在工作，而且比另一个做同样工作的新员工工作久得多，但那个人收入比他更高。

我通过发送他们两人的工作记录对他的涨薪要求做出了回应，显然新员工比这个要求增加薪水的人做了更多和更好的工作。我在我们谈话的最后反问这个男人：如果他在我的位置他会做什么，他回答说他会做他知道我将要做的事——什么也不做。

然而，在类似的情况下，并非所有人都像这个男人一样合情合理。有许多人认为，就业时间长的优先权应该使他们获得更高的报酬，无论他们提供的服务质量和数量如何。

显然，在贸易和商业中购买和销售个人服务与购买和销售任何商品都没有什么不同。买方支付的费用不能超过他购买的商品的价值。

供需法也会进入雇主与雇员的讨价还价内容中，并成为个人服务价格的决定因素，就像购买和销售商品一样。个人服务的销售者与具有类似销售服务的其他人竞争，当达到市场饱和点时，销售价格自然下降。

希尔：当一个人发现自己与那些愿意以比他需要更低的工资的人竞争时，他能做些什么呢？个人如何才能参加这样的竞争？

卡耐基：不用做别的，他可以提供比竞争对手更好的产品。通过正确的心态提供服务，他可以在竞争中再迈出一大步。除此之外，人们只能做一件事来推销个人服务以获得更好的优势，那就是去竞争不那么激烈的领域。

这可能涉及他职业的改变，但这是我认识的许多雄心勃勃的人下的一步棋。如果一个人的工作不足以满足他的需求，那么他唯一能做的就是转型到收入更高的领域。

在这方面，我想警告一个为工资工作的人会犯的一个常见的错误。将一个人的经济需求与一个人的工资要求混淆是一种非常普遍的习惯。我认识很多家庭经济管理不善但生活习惯奢侈的人，他们会努力要求更高的工资来解决他们需要更多钱的问题，尽管他们已经得到了他们服务的全部回报了。

总的来说，我认为美国工业领域的雇主和雇员关系都是公平合理的。没有合理的雇主想要以低于其价值的价格购买雇员的个人服务，没有一个公正的员工期望或要求与他所提供的服务的价值不成比例的工资。但是，双方都会有一些人似乎并不清楚如何以合理的价格获得个人服务。

希尔：在谈到雇主和雇员之间的关系时，我认为你用最开放的角度解读了这种关系：你指的是购买和出售个人服务的关系。例如，专业人士与其客户之间的关系，其中"工资"相当于固定的服务费用，而对于商人和他的顾客来说，其中"工资"相当于所售商品的利润。

卡耐基：是的，你是对的。雇主与雇员关系的范围应扩大到一个人向另一个人提供服务的所有关系。提供额外服务的习惯可以非常有效地应用于纯粹的友谊关系中，其中一个人毫无利益期许地服务于另一个人。这种情况下，呈现这种服务的对象可能是希望发展更持久的友谊。

这个原则还可以适用于家庭关系中。一个家庭成员向其他成员提供的服务属于家庭责任。在这里，与所有其他关系一样，提供比常规服务更多和更好的服务是有益的，并且最重要的是，以正确的心理态度呈现服务是有益的。通过应用提供额外服务的习惯并以令人愉快的精神去做，可以克服家庭中一半的纠纷。

希尔：根据你所说我得出的结论是，超额提供服务的习惯具有广泛的应用可能性，而且可能会影响所有的人际关系。

卡耐基：是的。它可以在熟人关系中起到好作用。熟人之间的服务不是一种义务。在某些情况下，他也可以在陌生关系中起到良性的促进作用。

在这里，我希望强调：无偿提供服务并且没有任何金钱上的补偿期望，通常被证明是最有利可图的服务，因为这种服务不仅建立了友谊，并且还让对方感受到如果付费得到这个服务在某种程度上是不可能的。通过反馈与回报原则运作，所有人都以某种形式表达对他们所受的恩惠的欣赏，就像人们表现出对他们所受伤害的不满一样。

恩惠可能只是几句礼貌的话，有些相处上的伤害无非就是你遇见一个粗心大意的熟人但他没跟你打招呼。但两种反馈的影响力可能是很广泛和严重的。

反馈可以改变人与人之间的关系，而且你说出这些话时的语气可能会使对方成为朋友或敌人。

我认识一个非常成功的商人，他和他的一个员工说话时会非常仔细地改变他的声音和语调，带来一种善意的感觉。为了传达出他希望传达的感觉，这个人在没有控制好他的声音的时候，他就永远不会对任何人说话。

这个人不仅在与他的员工交谈时使用悦耳的声调，而且我观察到，当他发出指令时，他也总是这样做。用询问的方式问一个员工可否这样做，而不是要求他这样做。这种方法的结果简直令人震惊。

我常常想知道为什么希望获得别人友好合作的各界人士都像大多数人一样直截了当地提出要求，而不采用这种愉悦的语气寻求合作。

如果一个家庭的成员以一种善意的语调而不是直截了当地要求帮助，对于家里的所有人来说这不是更好吗？我有一个邻居从未向他的任何一个孩子下达命令。如果他希望孩子帮他做点什么事，他会用一种带有深刻情感的语气，并以问句的形式表达他的期望，"能请你做这个或者那个吗？"或者"你介意不介意去做这个或那个？"

结果立竿见影。他的孩子会用同样深情的语调回应，还会表示很高兴去完成这个要求。

这个相互作用是另外一个使用付出原则时的好处。无论是商业关系、社交关系还是家庭关系，付出更多让你得到的结果都非常丰富。当一个人认真观察你们的关系，并且发现对方的付出时，人与人之间的关系会产生令人惊讶的巨大变化。

希尔：卡耐基先生，你已经非常清楚地描述了这个习惯所带来的好处，现在可以简要总结一下养成这种习惯的最实用的方法吗？

卡耐基：就像成就哲学的其他原则一样，这个习惯只有通过实践才能达到完美。"习惯"这个词意味着思想、言语和行为的重复。重复，重复，坚持重复。没有其他方法可以养成任何习惯。

为了更具体地回答你的问题，我认为将"天道酬勤"变成一种习惯的最佳方法是在所有人际关系中实践。

可以在家里与家庭成员一起开始。其实大多数家庭的家庭成员都需要养成这种习惯。

接下来，一个人可能会非常顺利地开始他的商业或职业实践，然后他会变得更加游刃有余。

养成这种习惯，并作为一种手段会是非常有用的。如果一个人抓住机会运用这个提供额外服务的机会，通过言语和礼貌实践"天道酬勤"的原则，那么得到的回报不是直接的就是间接的。我听闻过有很多自我提升的机会来自这种礼节。

> 如果你想解决一件事，那就去找一个忙碌的人，因为他工作紧凑，善于协调，必定会有留给紧急情况的时间和好办法。

最后，如果人们在与他人的关系中都可以遵循"天道酬勤，额外付出"的原则，那么首先产生误解的可能性很小，而且你几乎不会错失自我晋升的机会。

人们也不能过分强调"把提供额外服务作为一种习惯"的重要性。如果仅仅为了获得好处而对别人好是不够的。因为自我晋升的机会是真正懂得付出的人才会拥有的。这种习惯会吸引和揭示普通人未注意的机会。而且，这种习惯很容易创造以前根本不存在的机会。

所有习惯都具有激发其他相关习惯的特性。提供额外服务的习惯会自然而然地帮助一个人发展他的主观能动性、毅力、热情、想象力、自我控制、目标的明确性、自立、有魅力的个性以及许多其他成功必备的品质，这其中最可贵的便是对人的真诚感情。

因此，你可以看到，与那些通过简单、快速的表面分析就可识别的习惯相比，超额服务的习惯明显有更多的好处。我强调这件事是因为人们可能会忽视这种习惯的重要性，因为它的字面表达很简单。我们所有人都应该记住，生活中的重大事件只不过是小事的集合。

导致成功的行为与导致失败的行为之间的差异往往是微不足道的，除了那些对事物具有敏锐的观察能力和对人际关系具有高超的分析能力的人之外，大部分人都不会注意到这种差异。

最重要的是，我们应该记住，所有的成功取决于一个人与他人产生关联的方式。因此，人与人之间的关系是生命中最重要的主题，它可以区分开一个人究竟是成为他自己命运的主人、灵魂的上尉，还是掉落到被遗忘的黑暗中。

人类关系需要被操纵，需要被指导，还需要被影响和控制。如果不是这样，那么提出这种成就哲学就没有任何意义了。

除了让那些习惯于提供更多和更好服务的人获得奖励之外，这种习惯还会带来一种内在的幸福感，这本身就是遵循这种习惯的福利。

我从没见过哪个遵循这种习惯的人不开心或不幸福！人们几乎不可能同时每天替别人着想，提供帮助，做出奉献，同时又天天愁眉苦脸的。

另一个非常有效的养成额外付出习惯的方法就是仔细观察那些遵循这个习惯的人和那些没有这个习惯的人，并比较这两类人的成就。对他们进行一个月的每日观察就足以说明所有能够加倍努力并且乐意愉快地去这么做的人都可以获得更多的机会。

希尔：我得出的结论是，"付出的比得到的更多"这么说在某种程度上是用语不当，因为从这个短语的更广泛意义来说，算上他最终收获的回报，一个人不可能做出比他得到的更多的事情。这是你的意思吗，卡耐基先生？

卡耐基：我正等着看我不提示的话你能不能明白这一点呢。你是对的。所有形式的有建设性意义的劳动都会以某种方式得到回报，而在更广泛的意义上，确实没有"付出的比得到的更多"的可能。

现在，让我们看看人类可以获得哪些具体的好处，以补偿他的"额外服务"。以下是补偿中最有利的几种形式。

"额外服务"的奖励补偿：

1. "提供额外服务"的习惯让人们可以通过各种方式获得"收益递增法则"的好处。

2. 这种习惯使得一个人能够受益于《劳工补偿法》中的概念：如果没有得到同等价值的回馈，任何行为或契约都不会或不能有效（在该条款或契约本身之外的部分）。

3. 开发智力和提高身体的使用技能。人类的身体和大脑通过系统的训练和使用来获得技能以及效率上的提高，而临时性的或次数少的训练和使用人体则不会产生记忆，也就不会受益。

4. 发挥一个人的主观能动性。在任何工作中，没有主观能动性就不会超越平庸。

5. 发展自力更生的能力。这在所有形式的个人成就中是必不可少的。

6. 使个人能够通过对比法获利。因为大多数人没有提供额外服务的习惯，如果一个人"顺便"多做了某些事就会被衬托得和一般人不一样，更加优秀。

7. 有助于让人们失去漫无目的和随波逐流这样的习惯。这二者通常是主要的失败原因。

8. 有助于发展确定目标的习惯。这是个人成就的第一原则。

9. 有助于发展人格魅力，从而让自己更快地与他人联系起来，并获得友谊。

10. 使一个人在与别人的关系中占据首选位置。通过这种关系他可能会变得不可或缺，从而基于他的服务他可以给自己定价。

11. 确保持续性地就业，从而有了生活必需的保障。

12. 拿工资的人可以将自己提升到更高的职位和拥有更多的工资，并且作为一种实践手段，人们可以拥有自己的企业。

13. 培养想象力的敏锐性。通过这种能力，人们可以在任何职业中为实现一个人的目标制订切实可行的计划。

14. 有助于形成积极的心态。这是在经营所有人类关系中必不可少的重要品质之一。

15. 有助于建立他人的信任感和对其能力的信心。这是在每个职业中取得成就所不可或缺的条件。

16. 最后，这是一种习惯，人们可以主动地采用和遵循这种习惯，而不必得到任何人的允许。

人们通过他提供的额外服务可以获得的这16个显而易见的好处，通过同样的习惯，地球上其他生物可获得生存所必需的好处。你将一定会得出结论：绝大多数人享有的更多福利是对他这种习惯的补偿。对比一下上面的16大好处和一个人所付出的，这种比较证实了"一个人不可能做比他得到的更多的事情"，而且非常明显的原因是，仅仅做一个有建设性的行为，他就会获得一种能力。这种能力可以转化为他所渴望得到的任何一种东西。

这种分析为爱默生的陈述赋予了更大的意义，"去做吧！你会因此获得力量"。

只要是认真去这么做的人，都不难发现一个人付出的代价不可能不如他最后得到的回报。一个人所得到的存在于他在提供服务时的自律与自我鞭策中，回馈是通过物质上的或经济补偿的形式。

希尔：你对提供额外服务的分析表明，这种习惯是个人成就哲学的"必备"条件之一。你能描述一下你自己的商业经历中的一些实际情况吗？卡耐基先生，你是如何通过这种习惯有所收获的呢？

卡耐基： 你给了我一个很大的问题。我给你一个笼统的回答，我拥有的所有物质财富，以及我所享有的每一项商业优势，都归因于我遵循这一习惯。但是我会给你一个特别的经历作为例子，这个经历是我曾经享受过的一个最好的自我推广机会。我提到这个特殊的经历，还因为它是我生命中最具戏剧性的时刻。我再补充一点，它带来了在我的野心下最大的风险之一。除非一个人知道自己正在采取正确行动，否则就是人们永远不应该承担这种风险。即便如此，在大多数情况下，这种风险对于自我晋升的机会而言可能是致命的。

> 积极处理某件事时，你得到的益处会多于抵抗和逆反。

当我还是一个非常年轻的小伙子时，我晚上学习打电报，我学会了怎么操作电报键。我当时的工作不是文员，没有这方面的报酬，也没有人让我这样做。然而，我通过这个技能吸引了匹兹堡的宾夕法尼亚铁路部门负责人托马斯·斯科特的注意，并获得了一个奖励——成为他的私人秘书。

一天早上，我在其他人之前到达了办公室，发现一辆糟糕的火车残骸堵塞了整条铁路线，这让整个部门陷入瘫痪。

我走进去的时候，调度员疯狂地打电话到斯科特先生的办公室。我很快就明白过来发生了什么。我试图通过电话联系斯科特先生，但他的妻子说他已经出家门了。这样，我就像坐在一座火山顶上一样不知所措：如果我采取了错误的举动，它肯定会爆炸并永远毁掉我与宾夕法尼亚铁路公司的机会，但如果我根本不采取任何行动，结果可能会同样如此。

　　我确切地知道我的领导过去后会做些什么，而且我也很明白如果我在如此重要的紧急情况下为他化解风险，他会对我做些什么。

　　时间很重要，所以我采取了一切措施，以他的名义发出了火车调度指令，疏解了交通阻塞。当办公室主任到达办公室时，他在书桌上见到了一份书面报告，上面说明我做了什么，并附上了我的辞职信。我违反了最严格的铁路规则之一，我让我的领导把我革职以便挽回他在他的领导面前的面子。

　　大约两个小时后，我收到了裁决书。我的辞职信被打回到我面前，领导用粗体字写着"拒绝"的字样。直到几天之后，他才对这种情况做出了进一步的讨论，甚至在那之后他每次提起这件事，都是以他自己的方式进行讨论，并且在没有谴责我或者告诉我根据规章制度要解雇我。他只是简单地说："有两种类型的人从不会在生活中走得长远。一种是不能执行命令的人，另一种是什么都不能做的人。"通过这件事，他没有把我划分在两组当中的任何一组中。

　　每个年轻人的目标都应该是非常谨慎地超越他得到指令的范围，

并提供没有被要求的服务，但是要准备承担超出命令的部分的风险，就像我在这个场合所做的那样。最重要的是，他必须知道他正在做的是正确的事，但即便如此，他有时也会遇到困难。

一位担任纽约经纪人私人高级秘书的年轻人失去了他的工作，他将判断错误与超越命令混为一谈。他的领导去度假，并让他负责某些基金，他需要在特定时间用特定方法进行股市交易。他没有遵循领导的指示，而是以完全不同的方式投资。如果雇主的指示得到执行，交易产生的利润远远超过现在实际收到的利润。雇主认为这位年轻人违反了命令，表明他是一个缺乏合理判断逻辑的人，并推断他在日后还会违反命令，那将有可能是灾难，所以结果是辞退他。

因此，我重复一遍，重点是确保在违反规则之前你的判断是正确的，以便提供额外的良好服务，并且同时保证你与那个可能将斧头架在你脖子上的人的关系得以延续。没有任何品质可以取代名声和把持有度的判断力。在你做判断的时候要积极、坚持、明确，但还要谨慎。

希尔：卡耐基先生，你能不能解释一下在你如此违反严格的铁路规则、承担风险的时候得到了什么样的好处呢？你是否认为你获得的利益符合你所承担的风险呢？

卡耐基：这件事使我引起了我所任职的铁路公司以外的人的注意，后来这个人提供给我开始从事钢铁业务时所需的资金。我采取的这一非常大胆的举措让我有机会吸引别人的注意力，这对我来说是最大的帮助。当然，在我超越自己的权力范围的当下，我并没有考虑到这一点。

这种情况不仅引起了别人对我的注意，而且让我有机会证明自己的勇气，能在应该打破规则的紧要关头打破它。这件事还让我拥有了使用合理判断力的能力。如果我的判断不合理，我所做出的举动就会带来别人对我负面的关注，当然这也意味着我的铁路公司会解雇我。

在这次事件发生多年后，有一次我邀请一群人和我一起为我的第一家钢铁厂集资，托马斯·斯科特就是我的募资人，他让其他人相信他们将钱投资于我的企业是明智的。他向别人讲述了铁路事件的情况，告诉他们我有能力以可靠的方式处理紧急情况。

如果我不得不再次处理同样的紧急情况，我还会像那次所做的一样处理它。在突发情况中不具有良好判断力的人永远不会成为任何企业中不可或缺的人，正如一个企业无法在坚不可摧的规则上成功运作一样。困难之至，则需要破规。

希尔：卡耐基先生，你的政策始终是鼓励员工超越他们接收到的命令，并使用他们自己的判断来应用"天道酬勤"的原则吗？

卡耐基：每个与我有联系的人，无论他们的身份如何，都知道他有权使用自己的主动权，无论何时只要他们愿意都可以运用自己的判断能力。我鼓励所有同事这样做，但我也会用我的方式强调在做超出指令的事时合理判断的重要性。只要一个人完全根据他接收到的具体指示行动，我就支持他，无论他是成功还是失败。但超出指令按照自己的判断行事时，他就必须承担有可能出现错误的责任。没有这个政策，对雇主和雇员来说都是毁灭性的，因为它会引发粗心大意。

希尔：卡耐基先生，你有没有因为提供额外服务适得其反而对别人造成伤害的经历呢？

卡耐基：我用一个问题回答你，一个让买家和卖家都受益的习惯怎么会伤害任何人呢？在这个交易中，只有买家和卖家两方。因此，我觉得提供额外服务的任何情景都不会造成适得其反，无论是对于买家还是卖家，还是除此之外的任何人。

希尔：那让我用另一种方式提出这个问题吧！在额外的服务中，买卖双方中的哪一方会在讨价还价中获得更多的好处呢？

卡耐基：一般来说，我会说，任何讨价还价的"额外服务"都不能满足交易双方的要求。然而，在这个特殊情况下，我认为更多的是卖家获得了更大的利益。我已经描述了通过这个方法，销售方可以获得的 16 项明确利益，而很明显的是同一交易中购买者获得的优势较少。

提供额外付出的习惯是所有自我推销方法中最可靠的。通过这种方法，普通工人可以将自己提升到经济更有保障的职位。当你考虑到这一点时，我认为你不需要进一步的证据证明，这种习惯应该是对雇员更有利，而不是雇主。

希尔：你能不能说如果自己之前没有超额付出也会取得现在所拥有的成功呢？是否有任何其他法则可以替代你所提供的额外服务呢？

卡耐基：没有什么可以替代"天道酬勤"的原则。尽管一些非常聪明的人在没有遵守这一规则的情况下也多多少少取得了一些成功，但他们没有取得令人满意的结果。如果我在职业生涯的早期没有形成提供更多服务的习惯，那么我完全不可能像后来一样提升自己。

希尔：所以我可以这么理解，你认为相对于你花大价钱组织的智囊团联盟来说，养成提供更多的额外服务的习惯带给你的好处更多吗？

卡耐基：是的，这是真的。我还可以补充一点，如果我没有遵循提供额外服务的习惯，我可能连智囊团联盟都没有。

如果你还记得我前面谈到与智囊团小组成员之间关系时所说的话，你会发现我从同事那里得到的好处在很大程度上是因为我安排他们每个人获得丰厚的收入，这个收入超过了如果没有我的帮助所获得的。

你必须记住，"天道酬勤"的原则是一种特权，在某些方面对雇主和雇员都是有用的与有利的。从雇主的角度来看，支付比他实际收到的服务更多费用的习惯，如果他在正确地理解下做到了这一点，往往会使他不仅得到他所付出的一切回报，而且员工最终将可能以忠诚和可靠的形式反馈给雇主，使他获得超值收益。

希尔：这正是我希望提出的观点。根据你的分析，我们势必得出雇主和雇员可以在提供额外付出的基础上彼此互惠互利的结论。根据这样的原则，雇主或雇员如果计较哪方会得到更好的待遇时，就像"先有鸡还是先有蛋"的问题一样。

卡耐基：你的分析非常正确。从你想到的任何一个角度分析这一原则，你最终都会认识到，无论是雇主还是雇员，这个原则对所有受影响的人都有益处。而且你可能会更进一步发现，这项原则也同样有利于大多数公共事务，这些公众事务是由雇主方和雇员方共同提供服务的。在这个原则被实施时的任何一种情况下你都无法见到哪方会因此受损。

另一方面，我可以很容易地列出一长串类似的情况，在这种情况下雇主和雇员以及他们所服务的公众都因未能遵守这一原则而受到不可挽回的伤害。我不会说出这些情况，因为当下人人都在经受这些，描述它们是浪费时间。当然，这也会让人将自己的失败归咎于那些不愿意支付他应得报酬的贪婪雇主。

大多数没有处于领先位置的人会错误地到处找原因、找借口，而从来不照照镜子。这是人性，我不会对此提出任何补救措施，我不提出的原因是如果向这些人提供补救措施，他们也根本不会听的。

我一直在说，作为我们国家的公民，没有哪个身心健全的人有任何权利可以指责他人的不成功。在我们的民主形式下，每个人都有权将自己提升到他能够填补的任何岗位。大多数关于缺乏机会的抱怨只不过是人们试图解释的一个借口，而事实上他的平庸、缺乏野心或彻底的懒惰让他错过机会。

美国的机会丰富而且资源庞大，以至最卑微的人，只要他拥有健康的身体和健全的思想，就能够获得经济保障。说这句话的时候，我是通过我个人的经验和观察说出来的。另外我还可以说出许多在没有健康身体的情况下自食其力的人。

希尔：那么，那些属于工会的人会怎么样呢？按照工会规则限制他们的工作量吗？像他们这样的人可以从提供额外服务中获得多少福利呢？

卡耐基：我知道你迟早会提出这个问题。既然你已经问了，我会公平坦率地告诉你我对这个问题的看法。

我希望申明我同意"工作者有权组织任何形式的团体与雇佣者进行合作谈判"。在这一点上，没有争论的余地。但是，无论是出于个人服务的销售还是商品交易的讨价还价，并没有让他们忽视经济学原理或公众福利的存在。

没有人能够以相同的价值获得比已定交易更多的交易结果。这是一个公认的经济规则。

很好，那么现在让我回答你的问题。一个人与其他受限于交换规则的人一起，那么他将承担起自己所负责的那个比例的劳动以及获得相应的报酬。他或许可以得到他所在工会中的最高工资标准，但他也会就此而止。任何工会联盟都不能让他更进一步超出这个最高标准，没有工会领导人可以向他承诺更多。

那么问题就变成了一个决定自己是否愿意限制他的生活方式以迎合他的工会规则以及有限工资的问题。这是每个人必须自己决定的事情。

希尔：从你商业上的成就来看，你选择在没有工会保护的情况下抓住机会，因为你希望获得比这种联盟最高工资更多的回报，对吗？

卡耐基：这是我自己的情况。在工会的朋友多次找过我邀请我加入，但我拒绝了。并且我的理由非常充分，我希望在公开市场推销我的服务，我觉得我自己可以利用更多的机会，而不是通过提供工资上限的工会来积累财富。我有权做出这个选择。美国的政府形式正是以此作为建国主要基石之一的自由而建立的，我认为正是这种特权使美国能够成为一个伟大的国家。

如果不是在美国，一个人可以在没有运营资本、没有很大的影响力的情况下从零开始吗？并且可以通过交换他的个人服务赚取到任何财富吗？

希尔：卡耐基先生，如果根据法律强迫所有人根据工会规则购买和出售个人服务，限制人们可提供的服务数量，会发生什么？这对大多数人来说是一种帮助还是一种障碍呢？

卡耐基：如果发生这种情况，我们就不再拥有像现在一样自由创业的权利。它还会对许多其他形式的个人自由产生影响，很快美国的自由与自主就只会是一句空话。我不相信美国民众会欢迎任何削弱他们自主权的事情，因为他们已经建立了目前这样的生活标准。而在这种限制下人们是无法维持这样的生活标准的。

希尔： 但是，卡耐基先生，如果法律确定了工资标准和工作时间，那么对穷人和弱者不会有所帮助吗？这样的法律不会更均匀地分配美国的财富吗？

卡耐基： 我想根据我从个人的观察和实际商业经验中学到的法律与了解到的人性来回答你的问题。让我们坦率地谈谈有关穷人和弱者这个问题。如果你仔细观察大自然的法则，你会发现大自然并不能保护弱者。大自然会杀死弱者，并鼓励从小到昆虫大到人类本身各种生物中的强者生存。适者生存、优胜劣汰法则得到了大自然充分的认可，因此无须进一步证明其存在。

向穷人和弱者伸出援助之手，起到最大帮助作用的人就是他们自己。我记得很清楚，我告诉你我打算通过个人成就哲学将更多的财富分配给人们，因为我知道物质财富通常是倾向于拥有财富知识的人，而他们会因此积累财富，就像水会找到水平线高度一样。

如果美国的每一美元都放在一个池中，并且全部金额在每个人之间平均分配，那么在很短的时间内，资金将重新回到那些有金钱头脑的人手中，因为他们掌握资金运转和积累的知识。

我现在讲的是人性。这里想说的是，所有关于帮助弱者与穷人，为他们的零付出买单的说法都来自那些实际上连具体该怎么做都不知道的人。我认可帮助弱者和穷人——如果我不认可，我则不配为人——但我知道，帮助任何人解决问题的唯一方法就是如何帮助他通过他自己的努力得到财富和幸福，授人以鱼不如授人以渔。

而且，我从经验中学到，这才是一个真正的人想要得到的所有帮助。只有专业的乞丐和扶不上墙的懒蛋才会要求别人平白无故地给他们一些东西。我们永远不会遗弃这个阶层，但对那些不会试图帮助自己的人，慈善机构不应给予施舍。

希尔：那么，你认为分配美国财富的最佳方式是向所有人提供获得财富的知识吗？

卡耐基：是的，我认为这是唯一安全的方式。还有，我还想提醒另外一个与"wealth"（财富）这个词有关的东西，我想称之为"American wealth"（美国式财富）。事实上，我所说的"美国式财富"包括智慧地应用财富知识，并与利用这个国家的物质资源结合。印第安人拥有这片土地的时候，这片土地的物质资源也是如此丰富，但是直到受过实际教育的人接管它，并将知识赋予它可靠的价值的时候，这些资源才是有价值的。

现在要说说我帮助弱者和穷人的想法！

以下是我希望着重说明的：授人以渔是一种不会被丢失或被盗走的财富，并且只有有智慧的人才会使用的财富。知识和经验所代表的财富是永恒的。不存在银行倒闭它就没了的情况，没有恐慌可以摧毁它，也没有哪个败家子可以继承它。继承的金钱往往是自我毁灭一种东西，通过他不明智的使用方法摧毁自己。

给钱往往弊大于利，而提供知识永远不会造成伤害，它可以确保人们免受许多形式的伤害。如果你对此表示怀疑，那么仔细研究一下那些生下来就腰缠万贯而没一分钱是他们自己挣来的那些人吧！

关于自己挣钱这件事我还有另外一点想强调。事实上，它可以成为一种令人着迷的游戏，并且通常如此。通过这种游戏，人们可以获得拥有成就的自我满足感。它还能拓展一个人的创造能力，它可以让一个人变成能干的领导，成为整个国家的财富。当这个国家遇到紧急情况时可能会有很大的好处。

希尔：那么你是否相信人们有主动抓住机会的开拓精神？

卡耐基：我有充分的理由相信它。如果在美国没有这种精神，我们现在就不会拥有任何可以良好利用自然资源的伟大工业企业了。

正是先驱者精神激发詹姆斯·J. 希尔通过大北方铁路将东方与西方连通起来。

正是先驱者精神促使托马斯·A. 爱迪生经历了一万次失败后最终成功点亮了白炽电灯，并为全人类带来了 100 多个对人类有用的发明。这些发明为整个国家增加了数亿美元的财富，更不用说为数以千计的男女提供就业机会了。

正是先驱者精神为美国提供了伟大的沃纳梅克商店（Wanamaker）和马歇尔·菲尔德商店（Marshall Field）。

正是先驱者精神赋予了美国这个国家自由和自主。所有的领导者都是受到先驱者精神所敦促，他们不要求补贴，不需要认可，不需要这些对于他们来说没有意义的东西。

美国每一个企业和每一个产业都诞生于一群人的开拓精神，除了要享有美国自由和自主的特权外，他们一无所求。这些人没有以弱者和穷人的名义提出要求，尽管他们中的大多数人一开始非常贫穷。

我对弱者和穷人的了解很多。我来到这个国家时就很穷，但我并不软弱。我通过提供有用的服务换取我所希望的物质财富，这是我的力量。

我很感激没有人因为我是"一个贫穷的移民男孩"而宠溺我、施舍我。如果有人这样做，我可能会被误导，然后像很多人一样觉得这个国家欠我一个好生活。

因为我并不软弱，所以我认识到这个国家除了每个公民的特权之外什么都不欠我的。这是提供有用服务并以财富形式收取同等回报的权利。

希尔：卡耐基先生，你相信任何一个人拥有的天赋都是有价值的，而这些天赋可能会因为他没有提供服务的动力而被自己亲手毁掉，是吗？

卡耐基：是的，的确，而且我在与成千上万的人打交道中明白了这个道理。一个人最大的财富就是创造，以他自己的方式去创造，去发挥自己擅长做的。当他开始通过自己的努力获得经济自由时，没有人可以体会那样的快感。以这种方式获得的财富不仅给予他们比不劳而获更多的乐趣，而且这种乐趣更容易保留。因为一般来说，学习如何获得财富的人同时会学习到如何使用它以及如何保持它。

富裕家庭的父母经常给他们的孩子"减免义务"，而这导致了他们的孩子永远贫困与失败。最近在匹兹堡有一个类似的案例。一个名叫哈利的年轻人在离开大学后，继承到每年 8.5 万美元的收入。他没有去上班或者去做些有意义的事，而是去了纽约市，开始用他不劳而获的财富去百老汇炫耀。很快，他的放荡导致他谋杀了一位杰出的建筑师，现在他被终身囚禁。

我很遗憾，我没有把这个悲伤的困境归咎于这个年轻人。真正的罪犯是那份剥夺了他工作权利的礼物，是他得到的不劳而获的奖励。是那个给他钱的人让这个年轻人无所事事，生活放荡。

希尔： 你的意思是不应该在父母和孩子之间应用提供额外服务的原则吗？

卡耐基： 哦，不！我不是那个意思。父母是应当给他们的孩子一份礼物，但那个礼物应该是教育孩子如何为生活做好准备，而不是与金钱相关的礼物。除了那些已经做好准备、可以自力更生的子女，否则直接给钱是一个比生活条件奢侈更大的诅咒。

希尔： 根据你自己的经验，你能说说财富带来的幸福感吗？

卡耐基：除了某些有用的服务外，没有别的东西能带来持久的快乐。了解这个事实，你将获得向别人提供更好的服务的所有理由。勤奋和努力带给人们的幸福感是一种无法用其他方式获得的满足感。这个满足感是一种补偿形式，然后继续循环，它又再次成为你继续提供额外服务的理由。这是一种不受你控制的、你必须接受的财富，一种不能被剥夺的财富。

希尔：为什么只有这么少的人会利用"天道酬勤"的原则？

卡耐基：因为很少有人知道这种原则会带来什么好处。最早开始教授这个原则的地方就是家庭。应该告诉每个孩子，提供有用的服务是有利的，除了感到满足之外，你不会立即收到任何直接的报酬。但家庭教育应该超越这一点，应该清楚地向孩子表明这种习惯可以成为他一生中的重要资产。类似的培训也应该被纳入每所公立学校的课程设置中。当孩子们上高中时，他们将遵守和应用这一原则，就像他们履行与学习相关的任何其他职责一样。

很多人忽视对儿童这方面的教育训练，我们成年人应该为自己的无知和疏忽受到指责。儿童是长辈无知的受害者。没有教育孩子"天道酬勤"这样的概念的家长，可以说是一种轻微的犯罪。

大自然如此安排了宇宙，现实中没有任何东西可以无意义地存在。一切都有它的价格，或可以交换它的等价物。曾经，人们花时间、花精力希望制造出一种机器，能够绕过物理定律，永久运动。所有这些人都以极度失望告终。

同样，人们不明智地试图为一天糟糕的劳动争取完整的工资。通过数量的优势力量，他们可以在一段时间内结队造势，并最终成功。但是对于他们而言，他们很快就会因为他们糟糕的服务而丢失市场，并以此为他们的愚蠢而付出代价。虽然有些人似乎从未了解过这个真理，但大自然的法则无法被蔑视。

在本章中，卡耐基先生对人类行为的几个原则进行了非常好理解地描述，它们适用于人类的各种日常关系。他的描述坦率而明确，分析细腻而准确，令人印象深刻。

对这些原则的最重要的尝试是在与他人建立的私人关系中付诸实践，使用这些原则。如果在付诸实践的过程中，心里还有一个明确的目标，从而更有意识地去进行，那将是更好的。

笔者有幸对那些已经获得了很高成就的人以及那些落入失败的人进行深入观察。大约 20 年前，《黄金法则》(*The Golden Rule Magazine*) 杂志的编辑应邀在爱荷华州达文波特的帕尔默学校 (Palmer School) 发表演讲。他接受了邀请，费用是他平常演讲的标准，即 100 美元和差旅费。

当编辑去这所学校演讲时，他为他的杂志收集了很多故事的编辑材料。在他演讲完毕并准备返回芝加哥时，帕尔默博士 (Dr. B. J. Palmer) 请他留下收款账户领取他的工资。他拒绝留下地址，也拒绝收取任何费用，并解释说他已经为自己的杂志采购到素材了，这个报酬已经足够了。他坐火车回到了芝加哥，觉得这次旅行很值。

接下来的一周，他的杂志社开始收到了很多来自达文波特的订阅。截至周末，他已收到超过 6000 美元的现金订阅。接下来是帕尔默博士写的一封信，他解释说这些订阅来自他的学生，因为他们听说了编辑拒绝接受演讲费用。

在接下来的两年里，帕尔默学校的学生和毕业生的《黄金法则》杂志订阅额超过了 5 万美元。这个故事令人印象十分深刻，又被写在杂志上，然后该杂志的订阅扩展到其他国家。

通过免费提供了价值 100 美元的服务，这位编辑的工作体现了收益递增法的效应，使他的投资回报率超过了 500％。"天道酬勤，额外付出"并不是画饼。天道酬勤的人得到了回报，并且收益十分丰厚！

而且，与很多其他类型的投资一样，天道酬勤的品质通常会在一生中产生复利。

让我们来看看当一个人忽略了勤勉付出的机会时会发生什么。一个下雨天的晚上，一位汽车销售员坐在纽约分公司陈列厅里的办公桌前。门被打开了，走进来一个男人，得意扬扬地摇晃着一根手杖。

销售员的目光从报纸上移开，瞟了一眼这个刚进来的人，判断他显然又是一个百老汇"橱窗观赏型消费者"，他们一般就是看看，什么都不买，浪费别人的宝贵时间。销售员继续看他的报纸，懒得从座位上站起来。

那个拿手杖的男人走过展厅，看看第一辆车，然后是另一辆车。最后，他朝着销售员所在的地方，拄着拐杖摇摇晃晃地走了过来，直截了当地询问了他刚刚看过的三种不同汽车的价格。推销员没有抬头，给出了价格，继续看他的报纸。

男人带着他的拐杖走回到他一直看着的三辆汽车前，踹了踹每一辆汽车的轮胎，然后走回到那个忙着看报纸的销售员面前说："唉，我都不知道我该要这辆还是那辆了，还是另外那辆，或者我干脆就三辆都要。"

销售员用一种笑容回应了他，一种自认聪明的笑容，仿佛在说"呵，我就知道！"

男人说："哦，我想我只会买一辆。明天把那辆黄色轮胎的送到我家吧！对了，你刚才说的是多少钱？"

他拿出支票簿，写了一张支票，交给销售员，走了出去。当销售员看到支票上的名字时，他尴尬得差点儿昏过去。签署支票的人是查尔斯·佩恩·惠特尼（Charles Payne Whitney，惠特尼家族成员，美国铁路与军火大亨），他认识这个名字就像对自己的名字一样熟悉。这时候销售员明白过来了，如果他花时间从座位上站起来，他可能会毫不费力地把这三辆车都卖掉。

当管理层听到这件事的时候，这位销售员当场被解雇了！这个惩罚太温柔了。他也许应该支付他没卖的两辆车的利润损失。留着任何缺乏最佳服务意识的人都是最昂贵的经营成本，这是许多人经历很多之后才学到的，但为时已晚。一个人主观能动力的行使权对于那些不上心或懒惰的人来说根本不存在。所以很多人都没有认识到这是他们未能积累财富的原因。

40多年前，一家五金店的年轻售货员发现这个商店有很多零碎的东西还有机会可以继续卖，其中大部分都是一直没卖出去的囤货。他有大把的时间，于是他在商店中间装了一张特别的桌子。他摆了一些滞销的商品，标价为1美分。令他自己和商店老板都感到惊讶的是，这些小玩意儿很快都卖掉了。

就凭借着这些经验，伍尔沃斯百货诞生了。提出"便宜甩卖了"这个想法的年轻人就是伍尔沃斯（Frank W. Woolworth）。

在他去世之前，"甩卖"的想法让他获得了超过5000万美元的财富。此外，同样的想法还让很多其他人富裕了起来，这个想法的应用是美国许多高利润商品销售系统的核心。

当初没有人告诉年轻的伍尔沃斯行使他的主观能动性，也没有人付钱给他让他这样做。然而他的行动使他获得了不断增加的回报。一旦他将这个想法付诸实践，增加的回报几乎都停不下来。

乐于付出的习惯带来的效果会持续地起作用，哪怕他是在睡觉。一旦它开始运转，它就会迅速地累积财富，简直就像阿拉丁神灯一样，用神奇的魔法吸引那些带着金袋的人来给你送钱。

天道酬勤的品质会给你带来一种超越工薪范围的奖励。对于雇主而言如此，对于雇员来说也是如此。我熟识的一位商人可以给我的这种说法做证。

他的名字叫亚瑟·纳什（Arthur Nash），他经营的生意是一个面料裁剪铺子。大约 20 年前，纳什先生建立起了他的生意。第一次世界大战和其他那些他无法控制的社会条件使他处于危机的边缘。其实，最难解决的问题是他的员工抓住了他的失败主义情绪，并在他们的工作中通过懈怠工作表达出来。他非常绝望。如果他要继续经营，就必须迅速做点事情改变这个局面。

出于纯粹的绝望，他打电话给他的员工，告诉他们他所处的状况。在他说话的时候，他萌生了一个想法。他说他在阅读《黄金法则》杂志中的一个故事，该杂志讲述了其编辑如何通过自愿地免费提供服务，最终获得超过 6000 美元的杂志订阅奖励。他最后表示，如果他和他的所有员工都能抓住这个精神并开始付出更多的话，他们就可以一起挽救生意。他向他的员工承诺，如果他们愿意和他一起试试，每个人做到忘记工资、忘记工作时间，全身心地投入，他会尽最大努力继续经营，并抓住盈利的机会。这样就可以支付大家的工资了。另外，每个员工除了会收到他的工资，还可以获得额外的奖金。

员工们很喜欢这个想法，并同意按照这个方法试一试。第二天，他们自愿地把自己那些微薄的积蓄借给纳什先生，并且每个人都以新的精神面貌去工作。业务慢慢地开始显示出新的生命迹象。很快，这些成本就赚了回来。然后，店里的生意开始从未有过地繁荣起来。10年后，这个小店铺让纳什先生真真正正富有起来，超出了他的预期。员工们也比之前更加富足，每个人都很开心。

亚瑟·纳什已经过世，但今天这个店铺仍然是美国最成功的商业面料剪裁企业之一。当纳什先生离开时，员工接管了生意。询问他们中的任何一个人他如何看待"天道酬勤"，你会瞬间得到答案！此外，与纳什公司随便哪个员工交谈，你都会被他热情的态度和自信的精神所吸引。当这种"天道酬勤"的兴奋剂进入一个人的脑海中时，他就变成了另一种人，展现给世界一个不同的面貌。他看起来与众不同，是因为他本身就与众不同！

说到这里恰好提醒你一个关于提供额外服务的重要事情。它对做这件事的人有着奇怪的影响。这种习惯带来的最大好处并非来自提供服务的人，而是来自改变了"心态"后提供额外服务的人。这使他对其他人有更大的影响力，自己有了更多的自信、更多的自驱力，以及热情、远见和明确的目标。所有这些都是成功的品质。

爱默生说："去做吧！你会因此获得力量！"是呀，力量！在我们的世界，一个人没有力量能做什么？但它必须是吸引其他人的力量而不是排斥他们的力量。它必须是一种生成力量的力量形式。人们从自然法则中获得动力，之后通过这种产生复利的力量形式使得一个人的行动力得到成倍地增加。

为了获得提供额外服务习惯所带来的好处，人们应该理解这条《圣经》引文背后的含义："播种何物，收获何物。"（Whatsoever a man soweth, that shall he also reap. —— KJV Galatians 6:7）一个人播种什么样的种子很重要！重要的原因是一个人所播种的每一粒种子都会收获这粒种子结出的果实，无论好坏。

为工资工作的人应该更多地了解这个播种与收获的逻辑关系。然后你就会明白为什么没有人可以永远地继续播下干瘪的种子同时获得超额的收成。你不能用不足一天的工作量要求拿到全天工资。

人们可能会在某一段时间内用蛮力从芜菁中挤出比大自然赋予它的更多的汁液，但是大自然太过足智多谋，它不会容忍自己的规则被长期打破。它迟早会对那些无意或有意违背它原本计划的人进行可怕的报复。

而对于那些不为工资工作但希望获得更多美好生活事物的人，我也想问你一句话，你为什么不聪明起来，开始用最简单的方式得到你想要的东西呢？是的，有一种简单而可靠的方法可以将你带到你想要的任何一种生活中，那就是每个人都知道的秘密——天道酬勤，付出更多。这个秘密不在别的地方，它就藏在你额外多做的一件小事中，藏在你额外多走的一步路中。

飞跃彩虹，在尽头你会找到金罐子。这不仅是童话故事，多走一步路，你的终点就是彩虹结束的地方，那里藏着金罐子。

很少有人能走到彩虹的尽头。当一个人到达他认为彩虹结束的地方时，他发现终点其实仍在远方。我们大多数人面临的困难在于我们不知道如何跟随这道彩虹。而知道这个秘密的人会知道，那就是勇往直前。

大约 25 年前的一个下午，通用汽车公司的创始人威廉·C.杜兰特（William C. Durant）在银行营业时间结束之后走进银行，并提出需要一些帮助。这些帮助其实是属于银行柜台业务，应该在正常营业时间内进行。

接受他的请求的人是卡罗尔·唐斯（Carrol Downes），他是该银行的一名兼职员工。他不仅非常有效率地为杜兰特先生服务，而且还做了额外的事情，并且非常有礼貌。他让杜兰特先生感到了他因提供服务的荣幸。这件事似乎微不足道，而且业务本身也并不紧急。唐斯先生不知道，这次的礼貌服务会对他的未来产生深远的影响。

第二天，唐斯先生接受了杜兰特先生的邀请，来到他的办公室见他。这次会面让他得到了一个与近 100 人共同工作的机会。并且他的办公时间是从早上 8 点半到下午 5 点半。他的起步工资是一个正常合理的数字。

在第一天工作后，当收工铃响起，宣布当天工作结束时，唐斯先生注意到每个人都抓起他们的帽子和外套，急着出门。不过他静静地坐着，等着其他人出去。他们走了之后，他一直站在自己的办公桌前，在脑海中思考着为什么每个人在下班时刻就已经表现出匆忙。15 分钟后，杜兰特先生打开了他私人办公室的门，看到唐斯还在他的办公桌前，就问他是否知道每天 5 点半下班。

"哦，是的，我知道。"唐斯回答说，"但我不想匆匆忙忙地跑掉。"然后他问是否可以为杜兰特先生做点什么。杜兰特先生说他在找个铅笔头。于是唐斯拿起一支铅笔，用卷笔刀削了削，然后把它拿到办公室。杜兰特先生感谢了他并说了"晚安"。

第二天的下班时分，在"匆忙"结束后，唐斯再次留在他的办公桌前。这次他有目的地等待。不久，杜兰特先生从他的私人办公室走出来，又问唐斯是否明白 5 点半是下班时间。

"是的，"唐斯笑着说，"我知道它对于其他人来说是下班时间，但我听说没有人规定我必须在公司晚上关门的时候就离开办公室，所以我选择留在这里，希望我能帮你再做点什么。"

"多么不寻常的希望！"杜兰特惊呼道，"你这个想法是从哪儿来的？"

"我从每天下班时间眼见的场景中得到了它。"唐斯回答道。杜兰特先生低声说了几句话回应他，唐斯没有听清楚，然后杜兰特先生回到了他的办公室。

从那天起，唐斯下班后就坐在他的办公桌前，一直待在那里，直到他看到杜兰特先生戴上帽子穿上外套走后才真正下班。一天又一天过去了，他没有得到额外的报酬。之前也没有人让他这样做，没有人向他保证他会得到任何东西。在大家眼里，他这是在浪费自己的时间。

几个月后，唐斯被叫到杜兰特先生的办公室。杜兰特先生告诉他，他被选中调去最近刚刚购买的新工厂监督工厂机器的安装。想想吧！一位前银行兼职小职员在几个月内要成为一名机械专家了。

唐斯二话不说接受了这项任务并继续按照他的想法前进。他没有提问"为什么让我去？杜兰特先生，我对机器的安装一无所知"。他也没有说"那不是我的工作"，或者"我的工作不是让我去监督安装机器的"。不，他直接去了，做了他被要求的事，而且他很开心接到了这个任务。

3个月后，工作完成了。做得很好，杜兰特先生打电话给唐斯，把他叫进他的办公室，问他是在哪里学的机械知识。"哦，"唐斯解释说，"杜兰特先生，我从来没有学过机械。我就是到处看别人干活儿，看那些懂机械安装程序的师傅怎么工作，然后让工人们去照着做，他们就这样做了。"

"太棒了！"杜兰特喊道，"你知道吗？有两种类型的人是有价值的。一种是自己可以做一些事情并做得很好，还不会喊苦叫累；另一种是能够让其他人做好事情的人，无怨无悔。你是这两种类型的集合体。"

唐斯感谢了他的赞美，然后准备下班。

"等一下，"杜兰特叫住唐斯，"我忘了告诉你，你是这个新工厂的经理，起始工资是一年5万美元！"

在之后与杜兰特先生合作的10年中，卡罗尔·唐斯的身价大约在1000万到1200万美元之间。他成为汽车之王的私人顾问，并通过自己经历过的这些磨炼变得富有。

我们很多人面临的主要问题是，我们看到那些人生赢家到达胜利时刻时，没有人会花心思去找出他们"赢"的方式或原因。

卡罗尔·唐斯的故事没有什么戏剧性。上面提到的事件就发生在日常工作中，甚至与唐斯一起工作的普通同事都不会注意到。而且我怀疑这些同事中有很多人嫉妒他，因为他们觉得他可能是拉了什么关系，或者是凭运气受到了杜兰特先生的青睐，总之是任何不成功的人都会用的一些借口。

好吧，坦率地说，唐斯确实与杜兰特先生有一个内线关系把他们"拉"在了一起！

是他自己主动创造了"关系"。他通过运用天道酬勤的原则创造了它，通过像削支铅笔这样鸡毛蒜皮的小事创造了关系。他创造了这个关系，因为他"带着希望"留在他的办公桌前，他可能会在每天下午5点半"匆忙下班"之后为杜兰特先生做一些其他力所能及的小事。他通过自己的主观能动性找到了解如何安装机器的方法，而不是向杜兰特先生询问去哪里或者怎么找到这些人。

跟随着这整个故事，一步一步你会发现唐斯的成功完全取决于他自己的主动性。此外，它还包括了一系列表现良好的小任务，这些任务的完成表现在正确的"心理态度"上。

也许为杜兰特先生工作的还有100多人，他们本可以和唐斯一样出色，但他们每天下午5点半就匆匆忙忙地走了。

在这次事件发生的多年后，一位作家向卡罗尔·唐斯询问他是如何获得与杜兰特先生一起共事的机会的。"哦，"他谦虚地回答道，"我只是觉得为他多做点事是我的职责。当他需要点什么的时候，看看四周，就会叫我。因为我是唯一一个他在眼前能找到的人。时间长了，他养成了找我的习惯。"

就是这点！杜兰特先生"养成了找唐斯的习惯"。此外，他发现唐斯能够承担起额外的责任。令人感到遗憾的是，几乎所有美国人都没有注意到"承担更大的责任"中所包含的精神。我们中还有更多的人只会说美国是一个缺乏机会的国家，而从来不会考虑责任和义务，更不用说额外的付出了。

如果他按照规定在下午5点半准时加入匆忙下班的队伍，那么卡罗尔·唐斯会比现在过得好吗？如果他这样做了，他就会收到他所执行的那种工作的标准工资，但仅此而已。

他的命运掌握在自己手中。这应该是每个美国公民都有的独一无二的特权：行使自己的主观能动性的权利，养成勤勉的习惯。这是整个故事唯一想表达的。唐斯的成功没有其他秘密。他自己承认这一点，而且每个熟悉从贫穷到富有的上升路径的人都知道这一点。

还有一件事似乎也是很少人会知道的：为什么很少有人能像卡罗尔·唐斯这样发现勤奋努力之后的回报？它藏在萌生所有伟大成就的种子中，这是所有伟大成就的秘诀，然而却很少被人理解。大多数人认为这是一些小聪明的伎俩，雇主试图从那个人那里剥削更多的工作时间。

曾经有一个自作聪明的"智者"向亨利·福特申请工作时非常戏剧性地展示了他如何漠视勤奋的品质。福特先生向他询问了他的工作经历、个人习惯和其他日常中的事情，并对他的回答表示满意。然后他问道："这份工作你想要多少钱？"这个人在这一点上是回避的，所以福特先生最后说："好吧，那么就先试试看你能做什么，然后我们再谈工资的问题。"他拒绝了福特先生，并解释说，"我会得到比现在更多的薪水"。我怀疑他是不是在说实话。

这恰恰解释了为什么这么多人不能在生活中取得成功。他们需要得到比他们付出的价值更高的东西，他们似乎永远不能学会如何通过把自己变得更有价值来获得成功！

就在美西战争结束后，埃尔伯特·哈伯德（Elbert Hubbard）写了一篇题为《给加西亚的信》的故事。这个故事是这样的：威廉·麦金莱总统（President William McKinley）委托一名名叫罗文的年轻士兵把美国政府的一则消息转交给古巴反叛酋长加西亚，其确切地点无人知道。这位年轻的士兵接过这张写了消息的字条，穿过茂密的古巴丛林，几经辗转终于找到了加西亚，然后把这张字条交给了他。这就是故事的全部内容——一名普通士兵在困难条件下毫无怨言地执行命令。

这个平淡无奇的小故事激发了全世界的想象力。一名普通士兵完成了他接收到的指令，并做得很好。《给加西亚的信》以小册子的形式印刷出版，这些出版物的销售额创下历史纪录，达 1000 多万份。埃尔伯特·哈伯德通过这个小故事成名，更不用说这则故事带给他的财富了。

这个故事还被翻译成多国语言。日本政府将其印刷并分发给每一名日本士兵。宾夕法尼亚铁路公司向其数千名员工每人发了一份。美国的大型人寿保险公司将它分发给他们的销售人员。1915 年，埃尔伯特·哈伯德在卢西塔尼亚不幸病倒，而《给加西亚的信》仍继续保持在整个美国的畅销书排行榜上。

这个故事很受欢迎，因为它具有一种神奇的力量。这种力量只属于做事认真、兢兢业业的人。

整个世界都在呼唤这样的人。他们在各行各业都是被需要和被渴望的人。对于那些能够承担责任的人来说，他们在美国工业界会永远有着至高无上的地位。

天道酬勤，以积极的心态完成额外的工作。安德鲁·卡耐基将不少于 40 名具有这种品德的人从基层工作岗位变成百万富翁。

无论在哪里，愿意付出更多的人都会将他的行事方法带入他事业的核心圈子中，并获得一个赚取"他所有的价值"的机会。

查尔斯·施瓦布就是一个通过勤勉获得别人青睐的人。他最开始作为一名工人，拿着工人的日薪工资谦逊地为卡耐基工作，后来他一步一步走到顶峰，成为卡耐基的得力助手。多年以来，他以奖金形式得到的额外收入超过了100万美元。

奖金是对他勤勉谦逊的补偿，他的工资是他实际日常工作的报酬。我们不要忘记，"大钱"其实往往是通过额外的工作直接或间接得到的。

美国现在正在经历一场严重的国家危机，这场危机严重威胁到个人自由，而这使得各行各业的人们能够通过自己的主动行动来实践勤勉付出这样的品质。

造成这场危机的主要原因是民众热衷于无所事事，这是与"天道酬勤"背道而驰的。

人类的贪婪取代了通过服务来促进人类发展，"天道酬勤"与"少干活多拿钱"完全相反。成千上万的人依赖着公共救济，并让这种救济代替了他们自己的行动力，他们这是在伤害自己。美国的前景令人感到沮丧。尽管存在这种障碍，但我相信在这个国家仍然有足够多的人拥有基本的常识，会在美国公民意识到他们已濒临自我毁灭的深渊之前站出来。

人们出于动机而做某事或不做某事。勤勉付出这一习惯的最明智的动机是它为所有遵循这一习惯的人提供了数不清的持久红利。

美国公民希望在这个国家的巨大资源中能占据更多的个人份额。财富在这里是丰盛的，但让我们停止这种走向歧途的愚蠢尝试吧！让我们通过提供有价值的东西来获得我们的财富。就像安德鲁·卡耐基、托马斯·A.爱迪生、亨利·福特以及其他真正成功的人一样获得财富。

我们知道成功的规则是什么。那么就让我们适应这些规则并巧妙地运用它们，从而获得我们所需的个人财富，并增加国家的财富。

有些人会说："我已经做了很多额外的工作了，但我的雇主自私贪婪，他不认可我的所作所为。"我们都知道贪婪的人就是想什么都不做，他们想要的比他们应得的更多。自私的雇主就像陶工手中的泥土。贪婪的雇主不会希望失去那些养成勤奋付出习惯的人，他们非常明白这些员工的价值。任何聪明的雇主都会放弃他们的贪婪，任何聪明的人都会知道如何使用杠杆原理，不是通过守着他这边的筹码，而是通过增加筹码，杠杆才会偏向他这边。

我已经无数次看到别人用这个方法了：员工通过认识和利用雇主的弱点来操纵贪婪的雇主。在某些情况下，雇主没有像预期的那样迅速行动，但事实证明这是他的运气不好。因为他的优秀员工引起了另一个有竞争力的雇主的注意，他们对他的服务开了更高的价，从而得到了他们。

你根本没办法欺骗那些天道酬勤的人。如果他没有一个受尊重、受认可的来源，认可和尊重也会自动从其他地方主动找到他，而且通常是在他最意想不到的时候，通常是在一个人得到的报酬低于他的付出的时候。

以正确的心态对待工作的人从来不用花太多时间寻找工作。他没有必要，因为工作总是在找他。萧条来去匆匆，生意或好或坏，国家动荡或者和平，但是，提供更多和更好的服务的人会让他自己成为不可或缺的人，从而保证自己免于失业。我们社会保障制度的谬论在于，它十分忽视天道酬勤原则，它是一种基于受法律流程承认的自私的保护。

高报酬和不可替代性是一对密不可分的双胞胎。它们一直都是，它们永远都是！

聪明到足以让自己成为一个不可或缺的人，你就可以让自己持续受雇，受重视，而且薪水会远远高于那些被迫跟随集体统一标准工资的人。

亨利·福特了解不可或缺的价值，他更知道天道酬勤的价值。

这就是为什么几年前他自愿将工人的工资日薪提高到 5 美元。通过这种决策，他为员工做了一些没有劳工领导者可以强迫他做的事情。这是一个聪明的举动，因为它给他的工人带来了超过 25 年的理解与合作。

安德鲁·卡耐基了解天道酬勤的价值。通过运用这个原理，他获得了超过 5 亿美元的财富。一些人指责他贪婪，但他从未被指责过在管理员工方面表现不佳。如果他是贪婪的，他怎么可能会每年支付给优秀员工高达 100 万美元的额外奖金呢？那些获得奖励的人正是通过勤奋付出让自己成为对于卡耐基不可取代的人。卡耐基这个"贪婪"的缺点很明显被他非常聪明地运用了。他的政策是鼓励员工通过更多的付出成为他不可或缺的人——这是最基层的员工都有的权利——并通过支付他们足够的费用来保证他们不会变成自己的商业竞争对手。这是非常值得的。

通过他们对天道酬勤这一原则的认可，这些伟大的人为这个国家增加了数十亿美元的额外财富，为数百万人提供了收入不错的就业机会，这些就业机会一直持续到经济大萧条结束，并且他们自己更是积累了大量的个人财富。

太多人未曾付出但是只想着索取，而这为那些拒绝屈服于这种大众弱点的人提供了前所未有的机会。天道酬勤，让这些少数人脱颖而出。

读者应该掌握"天道酬勤"这一原则的全部含义，并去运用它，尤其是在国家有难的当下时刻充分利用这一原则，这正是一个人可以通过自己的价值表达他忠于祖国的时刻。当前的紧急情况是一种恐吓，这种恐吓摧毁着人们付出努力的精神。勤勉不仅是一种对每个人都有利的特权，而且我们必须这样做。天道酬勤原则是体制至关重要的基础也是其最具代表性的体现。

我们的国家对于每一位愿意努力展现自己的价值以换取更美好生活的人来说仍是"机会之地"。只要通过以无私的精神提供有用的服务，我们就应该拥有享受的特权，从而我们的国家就仍然是"自由与自主的摇篮"。

每个国家的历史上都会有一段艰难的时期，它的人民在此时必须抛弃贪婪和自私，为彼此的共同的利益而努力，否则等待我们的就是灭亡。现在，全世界的人们都需要经受住贪婪的人性的考验！当这个国家出现这种紧急情况时，人们抛弃自私并自愿地付出更多的奉献，面对挑战时人们则必会成功。

工业作为美国经济的主要基石，被有远见卓识的团队指导而茁壮成长，他们的领军者付出了比他们得到的更多的东西。这些领导人积累了丰富的财富，但是他们对财富的使用方式又继续为大量工薪阶层的人们提供了就业机会。因此，他们的个人财富已成为国家财富的一部分。

以亨利·福特为例，他已经积累了大量的财富。但谁敢说没有他的话这个国家会更好呢？谁又敢说这个国家能有 1000 个人，每个人都像福特先生那样能为数百万人提供就业机会呢？据估计，亨利·福特直接和间接地为不少于 600 万人提供了就业机会。他对美国民众生活的影响是无法估量的，他的企业对州政府和联邦政府每年交纳的税收贡献也是无法估计的。但我们眼见为实的是他在改善高速公路网方面担负的责任。这些高速公路通过可靠的连通方式使人们可以轻松到达美国的任何地方。

亨利·福特的成功并非偶然，而是遵循成功规则的结果。我们知道这些规则的性质，其中最突出的就是天道酬勤。

笔者一直严格遵守科学发现和自然规律。在整个科学领域，我们没有找到任何法则禁止一个人利用他们的个人主观能动性，我们只找到了勤奋的理由。勤奋的理由很简单：一方面，从不会有哪个企业或个人在不实践这一原则的情况下就可以成功；另一方面，我们已经分析过数千个与个人失败或企业失败有关的事件，它们因疏忽或拒绝付出额外的努力而最终倒下。

科学家和教育工作者都会通过安全可信的方法，在各个领域中学习具有权威地位的人的经验，从而进行记录并进行研究。图书馆的目的主要是为所有人提供记录文献，帮助人们从经历中汲取知识。那些希望成功的人，通过系统研究成功者的事迹，将所有这些文字与他们自己的生活联系起来，使他们所读到事迹成为他们事业与人生的指南。忽视或拒绝探索他所在领域中的已知经验，无异于主动弃权。

> 大萧条时期让我们知道了，比被迫工作更糟糕的就是无法工作。

这一整套历经 20 年艰苦研究的哲学理论在本章结束。该理论致力于研究被世界公认为最有能力的思想家和哲学家的记录。研究专家组的工作人员夜以继日，他们梳理图书馆典藏，以便真实而全面地梳理各位成功者的人生经历，他们活跃在人类努力探索的每个领域中。除了对成功者们人生经历的研究之外，笔者还加入了众多商业领域成功者的试错试验精华总结。此外，还包括针对各行各业成千上万的工作者进行的个人分析，这代表了美国民众的一个横截面，也展现了美国人的生活方式和特点。笔者从这其中发现了失败以及成功的原因。综合之下，本书这套成功学理论是组织完整的，是具有普适价值的。

因此，我向读者展示的个人成就引导路线图正是走在他们前面的脚印。

"明确的目标""智囊团"和"天道酬勤"原则的应用是找到个人成功之路的可靠途径。

关于作者

拿破仑·希尔于 1883 年出生于弗吉尼亚州的怀斯县。在担任《鲍勃·泰勒杂志》(*Bob Taylor*) 杂志的记者之前,他曾做过秘书,给一份当地报纸做"山区记者",当过煤矿和木材场的经理,并在法学院就读。《鲍勃·泰勒杂志》这份工作给了他机会会见钢铁巨头安德鲁·卡耐基,这改变了他的人生轨迹。卡耐基认为成功可以被提炼成任何人都可以遵循的原则,并敦促希尔采访当时最伟大的工业家和发明家,以发现这些原则。希尔接受了这个历时长达 20 年才完成的挑战,打造出《思考致富》(*Think and Grow Rich*) 一书的基石。这本书是财富建设与成功学的经典之作,也是历史同类书籍中上最畅销的,全球销量超过 1 亿册。希尔毕生致力于发现和完善成功学原理。在走完作家、杂志出版商、讲师和商业领袖顾问的漫长而丰富的职业生涯后,希尔先生于 1970 年在南卡罗来纳州去世。